不成熟的父母

Adult Children of
Emotionally Immature Parents

How to Heal from Distant, Rejecting, or Self-Involved Parents

[美] 琳赛·吉布森 著
（Lindsay C. Gibson）

魏宁 况辉 译

机械工业出版社
CHINA MACHINE PRESS

图书在版编目（CIP）数据

不成熟的父母 / (美) 琳赛·吉布森 (Lindsay C. Gibson) 著；魏宁，况辉译. —北京：机械工业出版社，2017.4 (2025.11 重印)

书名原文：Adult Children of Emotionally Immature Parents: How to Heal from Distant, Rejecting, or Self-Involved Parents

ISBN 978-7-111-56382-2

I. 不… II. ①琳… ②魏… ③况… III. 青少年心理学 IV. B844.2

中国版本图书馆 CIP 数据核字（2017）第 049485 号

北京市版权局著作权合同登记 图字：01-2016-9648 号。

不成熟的父母

出版发行：机械工业出版社（北京市西城区百万庄大街 22 号 邮政编码：100037）
责任编辑：朱婧琬
责任校对：殷 虹
印　　刷：中煤（北京）印务有限公司
版　　次：2025 年 11 月第 1 版第 19 次印刷
开　　本：147mm×210mm 1/32
印　　张：8.75
书　　号：ISBN 978-7-111-56382-2
定　　价：59.00 元

客服电话：（010）88361066 68326294

　　本书是一位经验丰富的心理治疗师兼数十年如一日专注于心理学研究与理论的学者，运用自己的智慧用心写就的一本著作。在本书中，琳赛·吉布森将深刻的知识体系与现实生活中的经验进行了完美融合，为她的客户创造了一部用户友好、可读性很强的作品……本书不是让我们责怪他人，而是帮助我们更深层次地了解自己，并学习自我治愈。

　　——亚瑟·雷曼·弗里曼，心理学博士，俄勒冈健康与科学大学医学院临床副教授

　　孩子们无法选择他们的父母。不幸的是，很多人在成长的过程中都饱受情感不成熟、不负责任的父母所带来的痛苦。琳赛·吉布森通过运用自己的智慧和同理心，帮助读者更好地认识和理解这些有害的关系，并创造出新颖而健康的治愈心灵的方法。本书能为我们进行自助提供强有力的支持，同

时心理治疗师们也可以把本书推荐给需要的客户。

——托马斯 F. 卡什博士，欧道明大学心理学名誉教授，《身体形象工作簿》(*The Body Image Workbook*) 的作者

琳赛·吉布森的这本极具洞察力的书能够帮助读者从"情感孤独"中一步一步走出来，最终重获自我意识，实现自我治愈。吉布森描述的轶事、启发性的练习和诚实的见解可以引导读者更好地理解如何与自己和他人建立更加密切的联系。这是一本很好的书，非常适合那些觉得自己与家人相互孤立，渴望与他人建立更深厚的情感联系的人。

——佩吉·斯杰丝维达，Tidewater Women（tidewaterwomen.com）和 Tiderwater Family（tidewaterfamily.com）的编辑和出版商，《西拉走后》(*Still Life with Sierra*) 的作者

本书是一本深刻而又富有同情心的指南，它适合所有想要理解并克服情感贫瘠的家庭生活所带来的长期影响的人。在书里，你会看到很多可以帮助你摆脱旧模式，让你和自己、他人建立更深入的情感联系的明智建议和简单做法，最终使你成为自己一直想成为的那个人。

——罗纳德 J. 弗雷德里克博士，心理学家，《把生活当回事》(*Living Like You Mean it*) 的作者

琳赛·吉布森是一位经验丰富的心理治疗师，她写了本书，为那些因情感不成熟的父母而饱受焦虑、抑郁和关系难题煎熬的成年人提供了有效的解决方案。本书详细描述了不成熟的父母，被这类父母抚养的孩子的经历、体会，以及解决由此产生的问题的方法。书中还有许多有用的案例，这些案例都来源于接受过吉布森心理治疗的客户。本书包括

了一些有助于自我理解的练习。人们可以通过本书来提升自我情感成熟度，学会与他人建立更深的情感联系。

——尼尔·沃特森博士，威廉与玛丽学院心理学名誉教授和研究讲授，临床心理学家，从事焦虑、抑郁与心理治疗的研究

心理学家琳赛·吉布森根据自己多年的阅读、研究以及临床经验，写出了一部非常优秀的作品，本书讲述了情感不成熟的父母影响孩子生活的多种方式。我对所有想了解亲子相处之道的读者强烈推荐这本书。这是一本令人振奋的书，它给那些觉得难以与缺乏同情心和敏感度的父母建立情感联系的人带来了希望，也为他们提供了许多高超的应对策略……本书充满了智慧，无论你年龄多大，它都能够帮助你用最健康的方式与自己的家人、朋友相处，甚至能使你认识到新闻和流行文化中描述的那些亲子间不正常的交流背后的原因。

——罗宾·卡特勒博士，历史学家，《受审判的灵魂》(A Soul on Trial) 的作者

琳赛·吉布森的书记录了很多临床案例，能够与情感不成熟的父母的孩子产生共鸣。本书还提供了很多练习来帮助我们认识真实的自我，让我们避免掉入破坏心理健康的自我形象、关系和幻想的陷阱。最后，本书还提供了一些实用的指导，帮助这些孩子用一种可以使他们免于伤害的方式与情感不成熟的父母相处。在阅读本书的过程中，读者会发现他们并不孤独，因为有人跟他们有着相似的遭遇，此外，还有一位善解人意的临床医生能够真正理解他们，这将会让他们得到极大的解脱。

——B. A. 温斯特德博士，欧道明大学和弗吉尼亚临床心理学联盟计划的心理学教授，以及《精神病理学：当代认识的基础》(第 3 版)(Psychopathology: Foundations for a Contemporary Understanding, Third Edition) 的编者

导读

"我的父母像个孩子"
如何应对情感不成熟的父母

人们总是默认作为成年人的父母会比孩子更成熟，但是有些家庭里的孩子，他们可能会比自己的父母更像个成年人。

琳赛·吉布森博士在自己大部分的职业生涯中，都在研究和理解情感不成熟的父母。她根据自己多年来读到的研究，搭配咨询中接触到的生动案例，撰写了一本指南，帮助从这样家庭中长大的孩子识别情感不健康的父母，了解自己所受的影响，并最终改善负面的影响，与情感成熟的人建立健康的亲密关系。

在 KnowYourself 过去写过的文章中，有粉丝评论说："哪有什么父母，只不过是孩子养孩子。"如果你有同样的感受，那么本书或许会适合你。

如果有以下感受，
你可能出生于一个父母情感不成熟的家庭

在父母情感不成熟的家庭中长大，是一段令人感到孤独的经历。这些父母表面上看起来没什么问题：他们保证孩子的身体健康，给孩子提供食物和安全，他们外貌正常，举止也正常。但实际上情感不成熟的父母缺乏与孩子的情感联结。当你和他们相处的时候，你可能会有以下这样的感觉（不一定全都具备，不同的孩子会有不同的感受）。

- **不敢肯定自己的感受，为自己不高兴而感到愧疚。** 由于父母只关注了孩子的生理需求，而无视孩子的情感需求，孩子会逐渐感到困惑："我应该觉得快乐，我的生活那么好，为什么还会感到难过？"
- **有"一定要照顾好父母"的念头。** 你甚至可能由于太疲于解决和父母之间的问题而无暇去发展自己的亲密关系。
- **有一种孤独感。** 你可能说不出哪里出了问题，但是小时候，你总有一种内心的空洞感。这种孤独感不单单女性会有，男性也会有。

同时，你可能觉得自己的父母有如下的特质。

- **和他们交流起来很困难，或者根本无法交流。** 你感觉永远都是自己在单方面试图和父母沟通，而他们总是对你的话题不感兴趣。他们只希望别人关注他们自己感兴趣的东西，并千方百计地吸引他人的注意。
- **他们很少直接谈论自己的感受，相反，他们会使用情绪感染的方式来表达情感。** 婴儿和幼童会通过情绪感染来表达自己的需求，他们大吵大闹来吸引照顾者的注意。而当一些情感不成熟的父母沮丧时，他们也会用"让家庭里的其他成员也感到很沮丧的方式"去表达，于是孩子会觉得他们有责任去让父母感到开心。但由于父母并没有试图去面对自己的沮丧，而是选择逃避，所以孩子实际上并没有办法解决父母的问题。

- **他们很难被取悦/接近。** 情感不成熟的父母会指望别人可以读懂他们的思想，了解他们的需求。他们把这当作一种理所当然，而不会感到愉悦。他们想要他人表现出关心自己身上问题的样子，但是当他人给出建议时，他们又会拒绝。

- **他们强调"角色"，他们的自尊建立在别人的服从上。** 情感不成熟的父母会说："因为我是父母，所以我可以……。因为你是孩子，所以你必须……。"如果你有一丁点不符合他们心目中角色设定的举动，他们可能会通过冷暴力、恐吓等方式迫使你回到你作为一个孩子的位置上。

- **他们希望和你产生纠缠的黏结，而不是情绪上真正的亲密感。** 当人们产生亲密时，他们是保有自己的个人边界的，他们会尊重甚至欣赏彼此的不同。而在一段黏结关系中，情感不成熟的人会过分依赖。他们的安全感来源于这段关系中对方扮演的角色给自己带来的熟悉感。一旦对方试图做出改变或者和他们不同，他们就会变得过分焦虑。

情感不成熟的父母的四种类型

吉布森博士在书中列举了四种情感不成熟的父母。她指出，虽然情感不成熟的分类不同，但是他们也有共性的问题，比如"他们都会利用自己的孩子来让自己感觉更舒服，结果导致父母-孩子关系的倒置，并让自己的孩子过分介入成人间的问题中；或者他们都会令孩子在亲子关系中感到不安，只是不同类型的父母会通过不同方式来让孩子感到不安"。

1. 情绪型父母

情绪型父母的情绪是极为不稳定而且难以预测的。他们依赖别人来安抚自己的过分焦虑。他们会把一点点沮丧放大到世界末日的地步。在他们看来，别人不是可以利用的资源，就是抛弃了自己的人。当他们崩溃的时候，他们会让孩子也跟着自己经历激烈的绝望和愤恨。

极端的情绪型父母可能是精神障碍患者，他们可能有双相情感障碍、自恋型人格障碍或者边缘型人格障碍。与情绪型父母相处时，孩子会感到自己仿佛在钢丝上行走，小心翼翼地照顾着父母的情绪。

2. 驱动型父母

驱动型父母总是会追求完美。如果孩子不够成功，驱动型的父母会感到孩子令自己蒙羞，所以，虽然他们会因为忙于自己的工作而没有时间照顾孩子的情绪，但是他们很乐于花费时间和精力来掌控孩子的生活。他们会选择性地夸奖孩子，迫使孩子走上他们所设想的成功道路，而不管孩子真正感兴趣的是什么。

孩子无法从驱动型父母那里获得"无条件的支持"，无法感到安全地按照自己心意探索和获取成就。生活在驱动型的父母身边，孩子会觉得自己时不时被挑错，并感到父母似乎认为成功胜过一切，包括孩子自己。

3. 消极型父母

当事情变得太过棘手时，消极型父母会收回自己的情感并逃避问题。消极型父母可能是爱孩子的，但是他们无法成为孩子的依靠。他们似乎没有意识到，为人父母的责任并不仅仅在于和孩子玩乐，还在于要保护孩子。

　　当家庭遭遇危机、孩子因此受伤时，消极型父母往往视而不见，并让孩子自己去解决问题。比如，当父亲虐待孩子，孩子跑去找母亲哭诉，希望她施以援手时，消极型母亲可能会说："你爸爸只是偶尔会脾气差。"极端的消极型父母发现在别处他们能活得更开心，他们会毫不犹豫地抛下原来的家庭和孩子。

4. 拒绝型父母

　　似乎有一堵墙在拒绝型父母周围。他们更乐于自己待着，并回避与人进行的情感上的交流，如果对方坚持要获得情感上的回应，拒绝型的父母会变得愤怒甚至有暴力举动。生活在拒绝型父母身边的孩子会感到，如果自己不存在，父母也会过得很好；他们觉得自己仿佛是家里累赘，并养成了轻易放弃的习惯。

不同类型的孩子，不同的应对方式

1. 外物掌控者和自我掌控者

　　面对情感不成熟父母的情感剥夺，孩子主要有两种应对方式：外物掌控与自我掌控。是哪种类型更多取决于人本身的性格，而非主观上的选择；同时，生理构造也影响了应对方式，比如自我掌控者的神经系统中负责警戒的部分可能会更发达，而这种差异在人的婴儿时期就已经存在。

（1）外物掌控者的应对

　　外物掌控的小孩在受到伤害的时候，会从外界找原因。当他们内心产生激烈的不适情绪时，会用冲动行为把内心的痛苦表现出来，比如逃学、打架等。表面上看起来，外物掌控的小孩只是有行为问题，但背后是情感困境造成的：因为外物掌控的小孩试图用制造麻烦来转移注意力，回避内心的痛苦，并用羞辱和责怪他人的方式来减缓自己内心的羞耻感。

不过，情感不成熟的父母尽管看起来很愤怒，但其实很乐于处理外物掌控小孩制造的麻烦，因为这样他们就无暇去面对自己真正的问题。

（2）自我掌控者的应对

自我掌控的小孩更倾向于从自己身上找原因，认为被情感不成熟的父母伤害是自己先犯了错，并且认为要想改变父母，得先改变自己身上的问题。自我掌控的小孩是高度敏感的，他们往往压抑负面情绪，因为自我掌控的小孩会为自己需要向他人求助而感到羞愧。这种隐藏需求的举动也导致了父母对自我掌控小孩的忽视。

吉布森博士在书中写道，一个人不会是完全的外物掌控者或者自我掌控者，人们介于两端之间，她希望人们可以找到一种平衡：自我掌控者学会向外界寻求帮助，而外物掌控者学会关注自己的内心世界来控制行为。

2. 治愈型幻想与角色型自我

除了外物掌控和自我掌控两种基本的应对方式外，有些孩子会形成治愈型幻想与角色型自我。

治愈型幻想指的是当孩子们遭受来自父母的伤害时，他们会幻想自己未被满足的需求终有一天将得到满足，比如认为长大后会遇到一个无私的人，那个人会真的爱自己；或者自己长大后会成为医生，能治愈一切伤痛。尽管这些幻想并不现实，但它给了孩子希望，支持着孩子在痛苦中保持乐观。

角色型自我指的是当孩子感到父母并不认可真实的自己时，他们便扮演角色来满足父母的需求。比如有些父母并不会很好地处理自己的情感，于是孩子便担负起照顾者的角色，来倾听和安抚父母的苦闷。

虽然治愈型幻想与角色型自我都能帮助孩子暂时应对家庭失调，但它们并不能真的解决孩子无法表达真实自我的问题。

3. 重复构建出类似自己家庭的关系

在父母情感不成熟的家庭中成长起来的小孩，在成人阶段也往往陷入不健康的亲密关系里。

一方面是因为对人的大脑而言，熟悉意味着安全。他们知道在和父母相似的关系里会遭遇什么、如何应对。

另一方面，当孩子还小时，"我的父母并不成熟 / 存在问题"的念头太过可怕，于是他们逐渐学会对问题视而不见，在长大后，他们也会对他人身上同样的问题视而不见。他们太习惯和情感不成熟的人相处，以至于不会识别谁是情感成熟的人，也不知道可以和谁去健康建立亲密关系。他们还会在潜意识里寻找与父母有类似问题的人，期待这一次自己会有能力改变对方。

情感成熟的人是什么样的

作者在书中还提出，我们要想成为情感成熟的人，需要了解他们是什么样的。一个情感成熟的人有以下特征。

- **他们能够尊重现实，令人觉得可靠。**

  尊重现实是最重要的原则。情感成熟的人在面对问题时，不会只是在那边幻想事情原本应该如何并逃避解决问题，而是会积极寻找尽可能好的解决方案。在遭遇困境而沮丧时，他们依旧能保持思考，不会过分陷入负面情绪。他们不会喜怒无常，稳定的情绪会让你感到他们安全可靠。

- **他们会尊重你，并且与你互惠互利。**

  情感成熟的人会用尊重、公正的态度面对他人。他们会尊重你的边界，不会把自己的喜好强加给你。他们能灵活地面对变化与差异。当你们的意见不同需要折中时，他们会让你感到，虽然你做出了让步，但对方依然考虑到了你的需求。他们也会回报你的付出，而不是只有一味索取。如果犯了错误，他们会真诚地对你道歉，承担起自己的责任，与你一道修复关系，而不会让你觉得他们在用道歉逃避冲突。

- **他们乐于也善于回应。**

  他们会让你感到自己的情绪和想法是被理解的。如果你告诉他们，他们的某个举动冒犯到了你，他们会反思并改正。他们说话幽默，待在他们身边会让你感到很舒服。

有过情感不成熟的父母，怎么办

当我们还小的时候，我们依赖父母给我们提供爱和安全，最开始孩子会认为父母是全能的，而虽然随着成长，全能的期望会褪去，但是无法根除——即使父母表现得并不爱自己的孩子，孩子依然希望有一天能得到父母的爱；或者当孩子长大后，他们期望父母会改变，比如他们指望能通过提升沟通技巧来改善与父母的关系，但情感不成熟的父母会想继续用孩子去填补他们过去的创伤。吉布森博士认为在沟通前，人们必须放下这些不切实际的期望。她介绍了三种方法来帮助人们更好地和父母谈话，并在谈话的同时保护自己。

1. 超脱地观察

在解决问题之前，先要能辨别出问题。客观地看待父母并不意味着背叛和苛责，或是意味着不孝，我们只是更准确地认识到父母就和普通人一样，有好的部分，也有坏的部分。全面地看待父母也帮助我们意识到自己对他们是否有不合理的期望。

2. 成熟地觉察和回应

- **表达自己的想法，同时不要强求对方的回应，说了就放下。**

  平静而清晰地告诉对方你想要什么、你的感受如何。在过程中享受自我表达带来的快乐，而不去期望对方真的会听进去你的话或者做出相应的改变。我们无法控制别人按我们的心意回应，他们的回应也不重要，重要的我们成熟地表达了自己真实的想法和心情，而且这是我们能控制的。

- **注重谈话成果，而不是去注重情绪的发泄。**

  在谈话前想清楚，我到底想通过谈话得到什么结果。这个结果必须是清晰、明确、符合实际的。我要父母为自己做出的事情后悔可能并不实际，而"我要告诉他们今年放假我不会回家"就是个清楚可行的目标。在谈话过程中，不要把注意力放在试图改善和父母的关系上，否则你可能会失望、变得情绪化，而没有实现自己想要的结果。

- **谈话前要充分准备。**

  比如想好对话持续的时间和主题。可能在谈话过程中你不得不反复地把对话带回原本的主题上，也可能你要重复地问同一个问题，才能获得对方一个清晰的答案。情感不成熟的人很难应对他人的坚持。如果反复地问同一个问题，你最终可以迫使他们不再回避。

3. 走出过去的"角色型自我"

人们不仅要超脱地观察父母，也要观察自己，理解我们的哪些行为和想法是受到父母影响才产生的。在和父母谈话的过程中，留意自己的情绪，避免变得情绪化。比如当你觉得愤怒的时候，想一想愤怒是否有助于帮你实现谈话的结果，还是只会让你落入和父母争吵的圈套。

另外，在谈话过程中，如果忽然发现父母似乎有所改善，要先保持警惕。面对似乎变得更好的父母，人们的内在小孩会高兴，认为父母似乎终于可以给他们渴望已久的爱，但记得和父母谈话的目的不是重新让你们的关系回到"父母 - 小孩"模式，而是作为一个独立的成年人和父母沟通。如果你放任自己回到过去的相处模式中，你会发现父母的改善又消失了——他们的改变有时是为了引诱你重新回到他们的掌控中。

在运用上述方法和父母谈话的过程中，人们会感到疑惑，比如"我这么做是不是太冷酷了""当父母让我觉得愧疚的时候，我该怎么继续保持冷静客观"，针对这些问题，吉布森博士在书中做了更进一步的解答。

KnowYourself

（泛心理学社区）

目录

　　虽然我们习惯于认为成年人比他们的孩子更成熟，但如果一些敏感的孩子来到这个世界上，在特殊的环境生活了几年后，感情变得比他们已经几十岁的父母更为成熟呢？当这些不成熟的父母无法满足他们孩子的情感需求时，会发生什么呢？其结果是孩子们会感到在情感上被忽视了，如同自己的东西被剥夺了。

　　童年受到的情感忽视会导致孩子们的心里产生一种痛苦的孤独感，这种感觉会对一个人的人际关系造成长期的负面影响。本书描述了情感不成熟的父母如何对他们的孩子，尤其是对情绪敏感的孩子产生消极影响，同时还会告诉你如何从拒绝情感亲密的父母造成的痛苦和困惑中治愈自己。情感不成熟的父母害怕流露真实的情感，常常避免与他人的亲密。他们采用的应对机制是逃避现实，而不是去面对它。他们不会自我反省，所以很少接受他人的指责或向他人道歉。他们的不成熟使其反复无常、感情不可靠，一旦忙碌起来，便会对孩子的需求视而不见。

一些接受了我的心理治疗的客户使用了"被狼抚养"一词来形容他们在童年时被难以共处的人抚养的经历，这个词很符合本书的主旨。我的一个客户说在成长的过程中，她曾多次被"扔向狼群"。童年时期，她在家里没有一丝安全感，因为她的父母过于关注自身的需要而注意不到她。狼的传说描述了一种渴望生存的动物，情感不成熟的父母与之很相符。他们的内心驱使他们去做任何他们认为必要的事，因为这些事会让其感到自信、安全。在本书中，你会了解到当父母情感不成熟时，他们会认为他们自身的生存本能往往比孩子的情感需求更为重要。

几百年来，这样的父母反复出现在神话和童话故事里。想想有多少童话以被遗弃的孩子为描写对象，因为他们的父母很粗心、无知或者根本不在身边，这些孩子必须从动物和其他助手那里寻求帮助。在一些故事中，父母的角色很邪恶，所以孩子们必须靠自己生存下来。这些故事已经流行了几个世纪，因为它们有一个共同之处：在被父母忽视或抛弃之后，孩子们必须靠自己谋生。显然，不成熟的父母自古以来就是一个问题。

了解情感成熟的差异可以帮助你理解为什么别人渴求亲情和爱情，而你却感到孤独。我希望在这里读到的内容可以回答在你心里留存已久的问题，比如为什么与一些家庭成员相处会给你带来伤害，让你感到沮丧。但可喜的是，通过把握情感不成熟的概念，你可以对他人给予更加符合现实的期望，接受与他们关系的好坏，而不用因为他们很少做出回应而感觉受到伤害。

心理治疗师们知道，从感情上脱离情感不成熟的父母可以帮助孩子恢复平静的心态并且实现自给自足。但一个人怎么才能做到从感情上脱离不成熟的父母呢？事实上，通过了解所处的环境，我们便可以做到这一点。描写以自我为中心的父母的文学作品中，缺少对"为什么这些父母爱的能力有限"的合理解释。本书弥补了这一缺失，这些家长爱的能力有限的原因是他们基本上都情感不成熟。一旦你了解了这个特点，就可以判断自己与父母怎样相处是可行的。知道这些可以让我们找回自我，按自己的本心生活，而不会被拒绝改变的父母伤害。理解他们的情感不成熟能够使我们摆脱情感上的孤独，因为我们意识到他们的忽视不是针对我们的，而是关乎他们自身的。当理解了他们为什么是这样的，我们就可以不再为他们感到沮丧，不再怀疑我们自己的爱。

在本书中，你会明白为什么父母无法与你进行有利于促进情感发展的互动。你会确切地知道为什么你会感到被他们忽视、不理解，以及为什么你为与他们沟通所做出的努力总是徒劳无功。

在第 1 章中，你会明白那些和情感不成熟的父母生活在一起的孩子为什么会身陷情感孤独之中。你会读到一些人的故事，他们在童年时期与父母缺乏深层的情感联系，而这也对他们成人后的生活造成了巨大的影响。你将清楚地知道情感孤独是怎样的，以及自我意识如何帮助我们摆脱感情上的孤立感。

第2章和第3章探讨了情感不成熟的父母的特点，以及他们造成的关系问题的类型。当你意识到父母的情感不成熟时，就可以理解他们的许多令人费解的行为了。其中有一份调查表可以帮助你确定父母情感的不成熟度。你还可以深入了解父母的情感发展早早就停止的原因。

第4章描述了四类情感不成熟的父母，并会帮助你确定自己的父母可能是哪一类。你还可以了解孩子们为了适应这几种父母所形成的自我挫败的习惯。

在第5章中，你会看到人们是如何为了扮演好家庭角色而失去真实的自我的，以及他们如何建立潜意识的幻想，幻想其他人该如何采取行动，来治愈他们过去因被忽视而造成的痛苦。你还会了解到两类非常不同的孩子：自我掌控者和外物掌控者，他们都由情感不成熟的父母抚养。这也将揭示为什么来自同一个家庭的兄弟姐妹在行事风格上会有如此大的差异。

在第6章中，我会更详细地描述自我掌控者的性格特征。这类人常常进行自我反思，十分关注个人成长，因此也最可能被本书吸引。自我掌控者有着高度的理解力和敏感性，对于社交活动以及与他人的情感联系有着很强的本能。你可以确定这种人格类型是否与你相符，尤其是以下特点：易为需要他人的帮助感到内疚，在人际关系中做大部分的感情工作，首先考虑别人想要什么。

第 7 章谈到，当旧的关系模式崩溃，人们开始唤醒他们未满足的需求时，会发生什么。在这个时候，人们可能会去寻求心理治疗的帮助。我会分享一些人的故事，他们从自我否定的模式中醒悟过来，并且决定做出改变。在承认关于自己的事实的这一过程中，他们恢复了相信自己直觉的能力，以及真正理解自我的能力。

在第 8 章中，我将介绍一种与人相处的方法，我称之为"成熟意识法"。通过使用情感成熟的概念来评估人们的成熟度，你将开始以一种更为客观的方式看待他人的行为，当他人身上的不成熟迹象出现时，你也能够觉察出来。你将了解到哪些做法可以对情感不成熟的人起作用，哪些不可以。所有这些都会帮助你获得内心的平静与自信。

在第 9 章中，我将分享我的客户的故事，他们在使用这种方法之后，体会到了一种全新的自由感和完整感。这些故事将帮助你体会摆脱了由父母的不成熟造成的内疚和困惑后的那种感觉。通过专注于自我发展，你可以从不成熟的关系中解脱出来，重获自由。

第 10 章会介绍如何识别那些对你很好并且在感情上安全可靠的人。这也能帮助你改变自我挫败的习惯，这些习惯在情感不成熟的父母的孩子中很常见。有了这种新的处理人际关系的方法，你就不会身陷情感孤独了。

读完本书，你就能够觉察情感不成熟的迹象，并且理解为什么自己常常感到孤独。它将解释为什么你无法与情感不成熟的人建立更亲密的关系。你将学会管理过度的同情心，过度的同情心可能会使你的情感被善于摆布人的人操纵。最后，你将可以识别那些能够真正与你保持情感亲密而且擅长沟通的人。我很高兴能分享多年来对这一主题的研究成果，以及一些关于我的客户的精彩故事。在职业生涯的大部分时间里，我一直在研究这个主题。在我看来，一个伟大的真理一直藏在最显眼的地方，只是社会成见将其遮挡住了，这种成见使得我们不会去客观地看待自己的父母。我很高兴能和大家分享已经被我以前的同事反复证实的发现和结论。我的愿望是帮助这些孩子从情感不成熟的父母造成的困惑和痛苦中解脱出来。如果本书能帮助你理解你的情感孤独的缘由或者帮助你在生活中与他人建立更深的情感联系和更加亲密的关系，如果本书能让你开始认为自己是一个有价值的人，而不再受他人的操纵，那么我就完成使命了。我知道你对将要读到的东西有很多的怀疑，我在这里告诉你，你一直是对的。

将我最诚挚的祝福送给你们。

第1章

情感不成熟的父母如何影响
他们孩子的生活

○ ○ ○ ○ ○ ○ ○

　　童年时期父母的忽视与拒斥会对一个人的自信以及成年后的人际关系造成很大的负面影响，人们不断重复过去那种令人沮丧的经历，然后为自己感到不开心而自责。

情感上的孤独源于没有与他人建立足够的亲密关系。这种孤独感可能始于童年，因为孩子们的感受被以自我为中心的父母忽视。如果断开了与他人的情感联系，那么这种感觉也可能会出现在成年时期。如果一个人终生都伴有这样的感受，那么可能是因为在孩童时期，他在感情上没有受到足够的重视。

和情感不成熟的父母一起生活会让人感到很孤独。这些父母也会关心孩子的身体健康、为他们提供膳食并且保障他们的安全，言行举止似乎都很正常。然而，如果这些父母不与他们的孩子建立稳定的情感联系，孩子们会感到内心非常空虚。

被别人忽视引起的孤独感与其他身体伤害一样令人痛苦，只是前者不易被发现。情感孤独是一种不容易被看到或描述的模糊而又私人的体验。你可以称之为空虚感，或是遗世独立之感。有些人把这种感觉称为存在主义孤独（existential loneliness），但实际上并没有存在的事物与这种感觉有关。如果你体会到了这种孤独感，那么它一定源于你的家庭。

孩子们没有办法确定在与父母相处时，他们与父母间是否缺乏情感亲密，他们压根没有这个概念，更不可能去理解父母情感上是否成熟。他们有的只是一种本能的空虚感，并因此感到孤独。如果孩子们有成熟的父母，他们只需要与父母建立深厚的情感联系便可以摆脱这种空虚的感觉。但是如果你的父母害怕与他人亲密，你可能会因为需要安慰而产生一种不安的羞耻感。

情感不成熟的父母的孩子长大后，即使他们的成人生活表面上看起来很正常，但那种空虚感仍然存在。如果他们在不知不觉中选择了不能和自己保持足够情感联系的伴侣，即使在成年后，那种孤独感也会一直伴随他们。他们可能会像正常人一样去上学、工作、结婚和抚养孩子，但他们仍然会一直被这种情感孤独困扰。在这一章中，我们将会看到一些人情感孤独的经历，以及自我意识如何帮助他们明白自己过去失去了什么，如何做出改变。

情感亲密

情感亲密是指有这样一个人，你可以把所有事情、所有感受告诉他。你可以完全对他敞开心扉，不用担心受到伤害，你们之间的交流只需要简短的几句话或是相互对视，或者仅仅是安静地坐在一起。情感亲密能够让你感到很满足，让你觉得可以做真实的自己。当另一个人试图了解你，而不是评判你的时候，你便会有这种感觉。

作为孩子，我们的安全感的基础是与我们的照顾者间的情感联系。孩子需要与父母进行真实的情感互动来获得安全感。注重感情的父母会让孩子觉得他们总有人可以依赖。情感成熟的父母几乎一直保持着这种与孩子的情感联系。他们已经具备了足够的自我意识，对自己以及他人的感受都很包容。

　　更重要的是，这样的父母非常善解人意，能够注意到孩子的情绪变化，并且乐于倾听他们的感受。有这样的父母在身边，孩子们无论是寻求安慰或分享自己的爱好，都会觉得很自然。成熟的父母让孩子觉得父母喜欢和自己在一起，偶尔和父母谈论一下情感问题也是可以的，他们很乐意倾听。这些父母的感情生活充满生气，很自然，他们自始至终都对孩子保持着格外的关注。他们在情感上很值得依赖。

情感孤独

　　情感不成熟的父母过于以自我为中心，以至于没有注意到孩子的内心感受。此外，他们不重视他人的感受，而且惧怕与他人的亲密关系。他们对自己的情感需求感到很不自在，因此也不知道如何在情感层面上给孩子提供支持。如果孩子很沮丧，这些父母可能会变得很生气，他们不会去安慰孩子，相反，他们可能会惩罚自己的孩子。这些举动阻碍了孩子们渴望倾诉的本能，使得孩子们渐渐不愿意与他人进行情感交流。

　　作为一个孩子，如果你的父母不够成熟，无法在情感上给予足够的支持，你会感受到这些给你带来的影响，但你不一定知道哪里出了问题。你可能会认为感到空虚、孤独是你独有的、奇怪的体会，是这些东西使你不同于其他人。作为一个孩子，你无法知道这种空洞的感觉是因缺乏足够的陪伴而产生的正常、普遍的反应。"情感孤独"这个术语其实表明了它本身的治疗方法：只需有另一个人在意你的感受。这种类型的孤独不是一种奇怪的或无意识的感觉，它是由在成长过程中缺乏足够的同情造成的。

为了完善对情感孤独这一概念的描述，让我们看看两个从童年起就清楚地记得这种感受的人，他们对这一感受的描述非常细致。

大卫的故事

当我评论大卫在家里的生活经历听起来很孤独时，大卫是这样说的："我真的非常孤独，我感觉自己在家里完全被孤立了。这就是事实。但于我而言这很正常，我习惯了。在我家里，大家各过各的，彼此之间完全没有情感交流。就像平行的线，完全没有交集。高中时，我的脑海里常常浮现出一幅画面：我独自一人漂浮在海上，身旁没有一个人。这就是我在家里的感受。"

当我询问他更多关于孤独感的体会时，他说："我会感到很空虚，觉得自己没有存在的价值，这种感觉每天都伴随着我，我以为大多数人都有这种感觉。"

朗达的故事

　　朗达记得在她七岁的时候，当她和她的父母以及三个哥哥姐姐站在他们那所老房子外的搬家卡车旁时，她也有相似的孤独感。虽然准确来说，她和她的家人是在一起的，但是没有人与她交流，她感到非常孤单，她说："我和我的家人就站在那儿，但没有人解释这次搬家意味着什么。我感到非常孤单，我想弄清楚发生了什么。我和我的家人站在一起，心却没有。记得当时我在琢磨要怎样面对这一切，我甚至感到有些筋疲力尽。我觉得我不能问他们任何问题，他们也帮不了我。我很不安，以至于无法和他们分享任何东西。我知道我要独自去面对这一切。"

情感孤独所隐藏的信息

　　实际上，这种情感上的创伤与孤独暗藏了一条很有价值的信息。大卫和朗达所体会到的那种焦虑让他们明白，他们急需与他人的情感交流。但是因为父母没有注意到他们的感受，使得他们只能把感受藏在心里。幸运的是，一旦你开始倾听自己内心的情感，而不是刻意去抑制它，那么它们将指引你去与他人进行正常的沟通交流。了解情感孤独的缘由是你与更多人建立良好关系的第一步。

孩子们如何对待情感孤独

情感孤独太让人痛苦了，所以孩子们会尝试所有可行的办法，只为能和父母多交流。这些孩子可能认识到了，要与他人建立关系，首先要把别人的需要摆在第一位。他们不会期望别人给他们提供帮助或对他们感兴趣，相反，他们会去帮助他人，让别人知道他们没有太多的情感需求。不幸的是，他们隐藏了自己内心最深处的情感需求，这阻碍了他们与别人的真诚交流，结果是他们可能会感到更加孤独。

由于缺少父母的支持及与父母的交流，很多情感被剥夺的孩子都希望能忘记他们的童年。他们发觉最好的解决办法就是快点儿长大，早日独立。这些孩子有些少年老成，但他们的内心依然很孤独。他们通常有些早熟，希望能尽早找到工作，开始有性生活，早早地就结了婚，或者是去服兵役。他们仿佛在说，既然我已经能够照顾自己了，不妨就这样走下去，总会好起来的。他们渴望成年，因为他们认为成年后就可以获得自由和属于自己的机会。遗憾的是，急于离开家庭的他们最后可能和错的人结婚，忍受对方的利用，或者是守着一份事倍功半的工作。他们最后往往会满足于情感孤独，因为这对他们来说很正常，就如同他们在早期的家庭生活中感受的那样，一切又回到了原点。

为什么过去不断重演

如果与情感不成熟的父母缺少情感交流是一件让人痛苦的事，那为什么这么多人成年后还是选择了相似的令人沮丧的人际关系呢？鲍比提出：我们大脑最原始的部分告诉我们，安全感源于熟悉（Bowlby，1979）。我们倾向于回到之前经历过的情境，因为我们知道如何去应对这些情境。作为孩子，我们没有认识到父母的局限性，因为把他们视作不成熟或有瑕疵的人会让人恐惧。不幸的是，否认这一让人痛苦的事实，使得我们在未来的人际关系中无法识别出那些会对我们造成伤害的人，同时也会让过去不断重演，因为即使我们身处这样的情景当中，也意识不到。接下来让我们看看苏菲的故事，她的经历很形象地说明了这一点。

苏菲的故事

苏菲和杰里交往五年了。她是一个护士，很幸运自己能拥有一段长期的恋爱关系。32 岁那年，她想结婚了，但杰里好像并不着急。在他看来，现在这样很好。他是一个很有趣的人，但似乎不想要过于亲密的关系，每当苏菲想和他讨论与感情有关的话题时，他总是避开。苏菲感到非常沮丧，于是她去寻求心理治疗，想知道接下来该怎么做。她陷入了两难的境地：一方面，她很爱杰里，但另一方面，她年纪不小了，想快点儿组建自己的家庭。同时她也很内疚，担心是不是自己要求太多。

一天，杰里提议去他们第一次约会的餐馆。他说话的方式和往常不大一样，这让苏菲觉得杰里可能要向她求婚了。晚餐期间，苏菲一直在竭力控制自己的兴奋。

果不其然，晚餐结束后，杰里从他夹克的口袋里拿出了一个首饰盒。当他把盒子从亚麻餐桌布上推向自己这边的时候，苏菲觉得快要窒息了。但打开盒子，她发现里面并没有戒指，而是一张写有问题的纸。她很不理解这代表什么意思。[⊖]

杰里笑着对她说："现在你可以告诉你的朋友，我向你'求婚'了。"

苏菲疑惑道："你在求婚？"

"不，开个玩笑啦，你还没明白吗？"

苏菲被他的话深深地伤害了，她很生气。她打电话给自己的母亲，并告诉她刚发生的事。她母亲竟然站在杰里这边，还对苏菲说："这只是个玩笑，你何必生气呢？"

⊖　原文中 pose the question 既有提问的意思，也有求婚的意思。——译者注

说实话，我并不觉得这是一个好的玩笑。这太让人泄气，太不尊重人了。但是苏菲后来才意识到，杰里和她的母亲有很多共同点：他们对他人的感受不敏感。每一次她试图告诉他们自己的感受，结果都是徒劳。

在治疗的过程中，她开始发现母亲的缺乏同理心与杰里对他人情感的不敏感有着很多相似性。她对杰里的不作为很失望。她意识到与杰里交往的过程中，她又陷入了孩童时期体会到的那种情感孤独中。这种孤独感已经伴随她一生了。

因为快乐而愧疚

像苏菲一样的人在我的心里占据了一个特殊的位置，他们看起来是那么正常，大家压根不会想到他们会有什么问题。实际上，正是因为能力强，使得他们很难认真对待自己的痛苦。他们很可能会说："我拥有一切，我应该是快乐的。可为什么我感到如此痛苦？"这是一个儿童时期生理需求得到了满足但情感需求未得到满足的人所具有的典型的困惑。

像苏菲一样的人常常会因为抱怨而感到愧疚。他们会列出自己要感谢的事物，好像他们的生活是一个加法问题，应该得出正数，不能有半分的消极。但是他们无法摆脱那种孤独感，无法得到他们在最亲密的关系中所渴望的亲密。

找到我的时候，他们中的一些人要么准备离开自己的伴侣，要么已经有了婚外情。其他人则完全避免与伴侣浪漫，他们认为情感的承诺是一个陷阱，宁愿远离。不过仍然有些人为了孩子决定维持原有的关系，但他们也会去寻求心理治疗，以求尽量减少动怒。来我办公室的人很少有人觉得自己从童年开始就缺乏情感亲密。他们很不解为什么自己现在过得这么不开心。他们会为自己想要索取更多的自私心理挣扎不已。正如苏菲最初说的，"感情中总会有挫折，就像工作，不是吗？"

她说对了一部分。维持良好的关系的确需要花费一些精力，需要忍耐，但不应该为了被对方注意而付出太多。彼此进行正常的情感交流理应是很容易的。

情感孤独超越性别

虽然在寻求心理治疗的人中，女性的数量要多于男性，但是我曾遇到很多有过情感孤独体验的男性客户。在某种程度上，情感孤独给男性造成的痛苦更多，因为我们的文化主张男性的情感需求应该少于女性。但事实并非如此，看看自杀和暴力事件的发生率就知道了。当男性在情感上感受到痛苦时，他们比女性更容易变得暴躁，或选择自杀。如果一个男人缺乏情感亲密的体验、归属感或是他人的关心，尽管不愿意表露出来，但他还是会和任何人一样感到空虚。与他人的情感联系是人类的基本需求之一，这与性别无关。

那些与父母缺乏情感联系的孩子常常扮演父母希望他们扮演的角色，试图用这种方法来增进与父母的情感联系。虽然这可能会暂时让他们得到认可，但这种行为不会形成真正的情感亲密。在情感上与孩子断开联系的父母不会因为孩子做了一些事情来取悦他们，就突然具备了同理心。

童年时缺乏情感投入的人，往往觉得没有人会仅仅因为他们真实的样子就想与他们建立关系，在这一点上男性和女性一样。他们认为，如果要与他人建立亲密关系，就必须把别人的感受放在首位。

杰克的故事

杰克最近和凯拉结婚了，她是一个很活泼的女人，和她在一起让杰克觉得自己很幸福。结婚的时候他很开心，但是现在变了，他无法摆脱一种莫名的失落感。"我应该高兴的，"他说，"我是世界上最幸运的人，我很努力地去变成她希望我成为的人。但是现在我只是假装看起来很开心。我讨厌现在这样。"

我问杰克:"你认为和凯拉在一起的时候你应该是一个怎样的人?"

"我应该像她一样非常快乐。我要让她觉得自己被爱着,我要让她一直快乐下去。我觉得应该是这样的。"他满怀期待地看着我,希望能得到我的肯定,但看到我依然在等待的时候,他继续说了下去:"当她下班回家的时候,我总是试图表现得非常开心,但实际上我很疲惫。"

我问他,如果诚实地告诉凯拉他感觉到的压力,会怎么样,他说:"如果我这么和她说,她可能会很震惊而且很愤怒。"

我告诉杰克,把自己的真实想法告诉别人,也许会触怒他过去认识的某些人,但是凯拉应该不会如他所想,做出那种反应。这更像是之前提过的他母亲的反应:只要别人不按她说的做便开始发怒。

杰克和凯拉之间的牢固关系使得他变得更加放松,更加真实。但同时他又觉得,如果不继续这么表现下去,他们的关系可能会破裂。

当我告诉他,他也许可以在这段新的关系中做自己,并且可以得到真正的爱时,他对提及自己的情感需求感到非常不自在。他看起来有点儿尴尬："你这么说让我听起来很可怜。"

在童年时期，杰克的母亲让他觉得软弱的人才有情感需求。而且，如果不按母亲想的去做，他就觉得自己不值得别人爱。

最终，杰克了解了自己的感受，因为凯拉完全接受了他，和凯拉相处的时候他也渐渐变得更加坦率。但是对母亲的恼怒让他感到震惊。他说："没想到我这么恨她。"但杰克没有意识到，当有人不怀好意并且试图控制你的时候，憎恨这样的人再自然不过。这意味着这个人正在牺牲你的利益来满足自己的需求，并压制着你的情感需求。

为照顾父母而受困

人们不仅仅在浪漫的关系中才感到情感孤独。我曾和一些有着相似经历的单身男女交谈过，但这种不愉快的关系存在于他们和父母或朋友间。通常，和父母的关系让他们筋疲力尽，以至于他们没有精力去追求浪漫的爱情，当然，他们也不想追求。对这些人来说，这种关系就像陷阱一样。他们忙着照顾自己的父母，而父母又觉得孩子这么做是应该的。

路易斯的故事

路易斯是一个快 30 岁的老师，单身，她觉得自己完全被母亲控制了，她的母亲过去是一名警察，脾气很差。她希望路易斯和自己一起住并照顾自己。但她的一些要求太过分了，这让路易斯开始有了自杀的念头。路易斯的治疗师告诉她，必须摆脱母亲的控制，她才可以拥有自己的生活。当路易斯告诉她母亲自己要离开的时候，她母亲说："这不可行，你忍心这么做吗？另外，我不能没有你。"所幸，路易斯坚持要建立属于自己的独立生活。在这个过程中，她发现内疚感是一种可以控制的情感，这是为自己的自由所需付出的一点小小的代价。

不相信自己的本能

情感不成熟的父母不知道如何确认孩子的感受与本能。于是，孩子们只能学着屈服于其他人似乎肯定的东西。作为成年人，他们可能会否认自己的直觉，并默许他们不想要的关系。然后他们可能会认为这段关系的好坏取决于自己。他们可能会渐渐学会自我说服，好像每天与你的伴侣如此艰难地相处是很正常的。保持人际关系的沟通和联系确实需要花费时间精力，但也不应该让人觉得这是一份一成不变、吃力不讨好的工作。

事实是，如果两个人十分适合对方，理解对方的感受，并且都很乐观，相互支持，那么这样的关系会让人很愉快，而不会让彼此觉得费力。当你看到你的伴侣，或者期待和对方共享美好时光时，你会很自然地流露出愉悦的心情。当人们说"你不可能拥有一切"，他们实际上是在说他们没得到自己想要的东西。

作为一个人，在情感上得到满足时，你应该相信对自身感受的判断。得到充分的满足时，你是会感受到的。你并非是一个需求不断的无底深渊。当你正在失去一些东西的时候，你也可以相信内心的提示。

如果你在过去的生活中养成了忽视自身感受的习惯，那么你会为自己不停抱怨表面看似正常的生活而感到内疚。如果你衣食无忧，身边有一个伴侣或朋友，这样的生活用老话说："它能有多糟糕呢？"但真的如此吗？

许多人都可以很容易地列举出所有的理由，为什么他们应该对现在的生活感到满意，但他们不好意思承认自己并不满意。他们为有这样"不合适"的想法而自责。

米根的故事

米根在上大学的第一年怀孕了，在此之前，她和男朋友已经分手两次了。虽然男朋友想和她结婚，但她总觉得这段关系有点儿不大对劲。然而，米根的父母对她的男朋友非常热情，他来自一个富裕的家庭，而且米根又怀孕了，于是米根的父母极力撮合他俩，最终米根屈服了。后来她的丈夫成了一名成功的房地产经纪人，这更让她的父母感到满意。很多年以后，他们的三个孩子都上了大学，她准备结束这段婚姻，但是她为自己的想法感到非常疑惑和内疚。

我们第一次见面的时候，米根说："我不知道该如何表达自己的感受。"不论是她的丈夫还是父母都不理解为什么她对过去的生活不满意，她不知道该如何捍卫自己的感受。每一次她想要辩解一番的时候，他们便想出一些理由告诉她为什么她是错误的。她抱怨没人听她的倾诉，抱怨大家忽视她的感受和请求，抱怨和丈夫相处不融洽，诸如此类，这些听起来都有些矫情，于是他们便对这些抱怨视而不见。她试图向他们解释她和丈夫相处并不和谐，无论是从社会角度，或是性的角度，还是一起参加活动时，都是如此。

米根真正的问题不是她不知道如何表达自己的感受，而是她的家人不想听她的想法。她的丈夫和父母并不想去理解她，他们只是说服她，认为她的想法是错的。

米根现在觉得自己的情感需求比自己之前作的承诺和许下

的誓言更为重要，同时她为有这样的想法感到既尴尬又内疚。但我告诉她，两个人的关系并不是靠承诺和誓言来维持的。两个人的关系是靠由情感亲密产生的愉悦感来维持的，只有在有人愿意花时间来倾听你的感受并尝试理解你的时候，你才会有这样的愉悦感。如果你在一段关系中体会不到那种愉悦感，那么这样的感情不会长久。在情感上对彼此做出适当的回应是维持人与人之间关系的最基本要素。

想要离开丈夫让米根觉得自己品性不好。当人们不能容忍一段在感情上吃力不讨好的关系时，我们应该如何看待他们想要离开的想法呢？该说他们很自私、很冲动还是很无情呢？或是说他们过早放弃了一段感情，还是干脆说他们不道德呢？都坚持这么久了，为什么不多坚持一下呢？为什么非要让一段关系破碎呢？

可能因为他们在与他人的关系中已经耗尽了自己所有的精力，就像米根一样，这么多年来一直努力让她的丈夫和父母满意。米根曾多次试图向家人表达自己的感受，告诉他们自己是多么不开心。她甚至尝试过给丈夫留信来让他明白自己的感受。然而他们只是告诉她，他们希望她怎么做，这是典型的情感不成熟的人的做法，完全以自我为中心。

所幸，最后米根开始认真对待自己的感受了，不再让丈夫和父母对自己的情感需求敷衍了事。当米根终于认识到自己希望从一段关系中得到什么的时候，她害羞地告诉我说："我想要一个真正在意我，并且想和我在一起的人。"然后她满脸困惑地说道："我的要求是不是太高了？我真的不知道。"从儿时起，在家庭的影响下，她便一直觉得渴望爱、渴望与众不同是自私的。结婚后，她的丈夫常常说她要求过多、期望过高，这更加深了她的那种想法，直到认识到丈夫了解的未必比她多，她才开始慢慢改观。

因父母的拒斥而缺乏自信

如果孩子们从小就在感情上遭到父母的拒绝或忽视，那么长大后他们通常以为别人会用相同的方式对待自己。他们缺乏自信，觉得别人不会对自己感兴趣。他们不会去奢求什么，因为缺乏自信，他们通常很害羞，为渴求他人的关注而感到纠结不已。他们觉得坦言自己的需求对他人来说是一种打扰。不幸的是，过于担心遭到他人的拒绝，使得他们选择抑制自己内心的渴望，而这让他们感到更加孤独。

在这种情形下，人们没有选择与人交流，而是选择了自我封闭，进而导致了孤独心理的产生。作为一名心理治疗师，我的任务是帮助他们，让他们认识到父母是如何伤害他们的自信的，又如何让他们陷入渴望与他人沟通而不得的苦闷之中。接下来的两个故事描述的就是这样一种情境，故事的主人公本可以摆脱这样的处境，但他们不会去这样想，因为他们缺少积极的社交体验。

本的故事

本一直忍受着生活给他带来的苦闷与沮丧。他觉得母亲是一个和自己很疏远的人。母亲非常专横，常常让本觉得自己在家中地位低下。作为一个孩子，本的需求和感受很少得到大人们的关注。

幸运的是，本娶了一个善良而又深情的妻子，她叫亚历克莎，但是本常常感到很疑惑，他不知道亚历克莎为什么选择他。如他所说，"我不是一个很有趣的人。我不知道亚历克莎为什么喜欢我。虽然我不是那么一无是处，但……"本说话的语气说明他觉得自己是一个很容易被人忽视的人。很明显，在孩童时期，本的自信心就被他的母亲深深地摧残了。此外，童年的经历还使他相信别人会和母亲一样，对他的情感需求感到厌恶不已。

一天，我和本交谈时，本告诉我，他觉得自己过得很不开心，当我问他是否曾经告诉过亚历克莎自己的感受时，他说：

"不，我不能这么做。她有自己的事要忙，我不想让她觉得我是一个连自己的问题都解决不了的懦夫。"

当我告诉他，亚历克莎应该不会那么说的时候，本同意了我的观点，并说，"我知道她爱真实的我。可是我无法接受现在的自己。"于是我建议本坦诚地与亚历克莎聊一聊，毕竟亚历克莎那么支持他，但是本告诉我，他觉得应该更多地依靠自己，还说，"我应该自己来处理这种问题。难道情感需求能否得到满足不是取决于我自己吗？"

他的想法多么孤独啊。然后我告诉他，其实我们都需要他人的安慰和亲密来满足自己的情感需求。

夏洛特的故事

夏洛特的经历与本有着相似之处，她也习惯用过去的眼光来看待目前的状况。耐不住一位朋友的盛情邀请，她参加了一个写作比赛，在比赛中她写了一篇简短的故事。虽然自己已经是一个小有成就的报社记者，但她还是认为评委不会喜欢她的作品。但出乎意料的是，她赢得了比赛。

这次获奖让夏洛特想起了童年时期自己想变得出类拔萃，

却不断遭到父母的批评和羞辱的痛苦回忆。她的父母没有在情感上支持她，相反，他们总会找理由来贬低她取得的成就。现在，虽然她为获奖感到激动不已，但同时又害怕别人会走上前来嘲笑她，或是说她不配得到这个奖。于是她决定守住这个秘密，没有和任何人分享自己的喜悦，因为她觉得没人会感兴趣。

成功的外表掩盖下的童年孤独

父母的拒斥不一定会让孩子缺乏自信心。一些聪明又开朗的人童年时期虽然也曾受到父母的拒斥，但他们依然充满自信，相信自己可以取得很多成就。还有很多人遇到了情感成熟的另一半，建立了属于他们自己的和睦家庭，并乐在其中。尽管在目前的关系中，他们的情感需求得到了满足，但是童年时期的孤独所带来的创伤常常会萦绕心头，让他们感到沮丧、不安，或者让他们经常做噩梦。

娜塔莉的故事

娜塔莉是一个业务顾问，今年 50 岁，曾屡获殊荣，无论是对个人还是职业而言，她的人生都是如此成功，不幸的是，就是这样一个人，也曾是一个在感情上被忽视的孩子，成年以后那种被忽视的体验常常出现在她的梦中，她这样描述自己的梦："我经常反复做同样的噩梦。在梦里，我身处绝望之中无法自拔。我想尽办法逃离出来。换了很多条路，很多把钥匙，很多扇门，依然没用。我独自一人在想办法解决问题，其间遇到了一些人，但他们只是看着我，等待我把所有事情处理好，却不会对我提供帮助。没有人安慰我，没有人保护我，我没有丝毫的安全感可言。然后我便从梦中惊醒，醒来后我的心依然在剧烈地跳动。"

娜塔莉的梦形象地表现了深陷情感孤独的人的体会。她必须独自面对所有事情，从不考虑请求他人的帮助。这就是情感不成熟的父母培养的孩子的真实体会。这些孩子的父母似乎一直陪在他们身边，但是很少帮助他们、保护他们或是安慰他们。

现在，娜塔莉依然在照顾她年迈的母亲。但是无论怎么做，母亲还是会抱怨娜塔莉从来都不爱她，从来都没有帮过她。从儿时起，娜塔莉便一直很在意母亲的情绪变化。童年时期，娜塔莉总是独自一人，因为她无法求助于母亲。和娜塔莉有同样遭遇的孩子常常像个小大人，懂得主动给父母帮忙，不给他们添麻烦，并且几乎不提要求。这些少年老成的孩子看似能够自我照顾，但实际上他们做不到。没有孩子能做到。他们也会寻找情感依靠，因为有总比没有强。

　　然而，当娜塔莉身着西装出入各种会议时，谁会想到她的童年是那么缺乏安全感呢？她有一段美好的婚姻，她的孩子们都很成功，同时她也有很多密友。她的情商很高，懂得如何与社会各行各业的人打交道。但她做的那些梦还是表露了她内心深处的情感孤独。尽管她成年后的生活已经很完美了，但她的内心依然很脆弱，常常感到孤立无援，非常孤独。直到 50 岁她才认识到，是她与母亲之间的关系导致了这一切。这是她这一生中最有意义的发现之一。最终她找到了那些噩梦的源头。

为何没有情感交流让人如此痛苦

　　人们强烈渴望与他人建立情感联系是有原因的。在人类进化过程中，成为群体的一部分意味着更加安全、压力更少。一方面，我们那些不喜欢分离的祖先们更有可能在恶劣的环境中生存下来，因为他们喜欢与人接近，并从中获得安全感。另一方面，那些不介意分离的早期人类可能已经习惯了与他人保持距离，因为这更有利于他们的生存。

　　所以，当你渴望与他人建立情感联系时，要知道你的孤独感不仅与你过去的经历有关，还与人类的遗传记忆有关。我们遥远的祖先和你一样有着强烈的情感需求。你渴望被他人关注，渴望与他人建立联系都是再自然不过的需求。你不喜欢孤独，与人类的历史息息相关。

总结 ○ ○ ○ ○

　　无论是孩子还是成年人，缺乏与他人的情感联系都会让他们感到孤独。有人关注自己、有人值得依赖是孩子体会到安全感的基础。不幸的是，情感不成熟的父母不适应与他人的亲密关系，无法给孩子所需的情感交流。童年时期父母的忽视与拒斥会对一个人的自信以及成年后的人际关系造成很大的负面影响，人们不断重复过去那种令人沮丧的经历，然后为自己感到不开心而自责。即便这些人成年后取得了成功，也无法完全消除早期父母的忽视与拒斥所带来的负面影响。明白父母的情感不成熟对你的影响，是避免过去的痛苦经历在你成年后的生活中反复上演的最好方式。为此，在下一章中，我们将看看情感不成熟的父母的标志性特征。

第2章

认识情感不成熟的父母

o o o o o o o

　　情感不成熟的父母童年时期通常生活在不利于心智发展的家庭中。反应性情绪、缺乏客观性以及害怕情感亲密使得他们很难与别人尤其是与自己的孩子建立亲密的关系。

客观地看待你的父母可能是一件很难的事，因为这种感觉就像你背叛了他们。但这不是本书的目的所在。在本书中，我们最终的目的是让你们能够客观地看待自己的父母，而不是不尊重他们或者背叛他们。我希望你们能够看到，本书对情感不成熟的父母的讨论，基于我们对他们自身局限性的深刻理解。正如你们所知道的，他们大部分不成熟的、伤人的举动是无意的。更加冷静地审视你们父母的方方面面，你就可以理解很多关于你自己和你的过往的事，这些事你之前可能从未细想过。

大多数情感不成熟的迹象都超出了一个人的意识控制范围，大多数情感不成熟的父母都没有意识到他们是如何影响孩子的。我们并不是要责怪这些父母，而是想弄清楚为什么他们会是这样的。我希望你们从本书中获得的对父母的新的认知，能够从根本上提升你们的自我意识和情感自由。

幸运的是，作为成年人，我们有足够的能力和独立性来评估父母能否给我们渴望的关怀和理解。要做到客观地判断，我们不仅要理解他们的表面行为特征，还要理解他们深层的情感框架。一旦你了解了这些更为深层的特性，就可以学会从你父母那里期许得到什么以及该如何给他们的行为定性，那么他们的局限性困扰你的可能性就会很小。

记住，你对你父母的想法纯粹是个人看法。他们可能永远不知道你从本书中得到了什么，他们也不需要知道。本书的目的是让你了解关于自身的事实并让你从中获得自信。清醒地看待你的父母并不意味着你在背叛他们。客观地思考关于他们的事也不会伤害他们。但这一切可以帮助你。

正如你在前一章所看到的，情感不成熟的父母可能会对他们孩子的自尊和成年后的人际关系产生毁灭性的影响。这种影响的大小取决于父母的不成熟程度，但网络效应是一样的：他们的孩子会有一种被忽视感和孤独感。这将削弱他们的孩子对爱的感受，甚至可能导致孩子对亲密关系过度防备的心理。

练 习

评估你父母的情感不成熟度

对人类情感不成熟的研究已经进行了很长时间。然而，在过去的几年中，研究人员将越来越多的注意力转向病症和临床诊断，使用一个医学疾病模型，将行为量化为适合保险报销的疾病。但就对人的深刻理解而言，评估情感不成熟度往往更为有效，当你阅读本章内容，并且完成了这项练习后，可能就会发现这一点。

仔细阅读以下语句，然后在描述你父亲（或母亲）的语句之前打钩。

_____ 我的父母经常对小事情反应过度。

_____ 我的父母没有太多的同理心和情感意识。

_____ 我的父母似乎对情感亲密有些不大适应，总是避开亲
密关系。

_____ 我的父母经常被个体差异和不同观点激怒。

_____ 当我长大的时候，我的父母把我当作一个知己，但他
（或她）不是我的知己。

_____ 我的父母说话做事常常不顾他人的感受。

_____ 我从我的父母那里没有得到过太多的关注和同情，除
非我真的生病了。

_____ 我的父母反复无常，有时很睿智，有时又不可理喻。

_____ 如果我生气了，我的父母要么说一些肤浅的、无用的
话，要么也生气并讽刺我。

_____ 谈话大多以我父母的兴趣为中心。

_____ 即使是礼貌地发表不同观点，也可能会让我的父母产
生防备心理。

_____ 我的成功在他们看来似乎并不重要，这让我很挫败。

_____ 我的父母表达的观点总是与事实不符，并且逻辑
不通。

_____ 我的父母不会自我反省，很少意识到自身的问题。

_____ 我的父母看待问题总是非黑即白，不愿接受新的
观点。

这些话有多少是描述你的父母的？如果勾选了多个选项，那
么你可能一直在和情感不成熟的父母打交道。

个性模式和暂时性情感回归

情感不成熟的个性模式和暂时性的情感回归是有一定区别的。任何人在很疲惫或备感压力的情况下都可能会暂时性地情绪失控。我们大多数人都会为过去做过的一些冲动的事感到难为情。

然而，当一个人有一种情感不成熟的人格模式时，他的某些行为会反复出现。这些行为是自发且无意识的，自己往往觉察不出来。情感不成熟的人不会设身处地地为他人着想。他们很少道歉或感到后悔，因为他们并不为自己的行为感到难为情。

定义成熟

在我们探究何为情感不成熟之前，让我们先看看情感成熟的人是如何表现的。情感成熟不是一个含糊的问题，研究人员已经对它进行过很好的研究了。

"情感成熟"指的是一个人能客观地进行思考并与他人保持深层的情感联系。情感成熟的人可以独立地完成很多事，同时还有深厚的情感寄托，并且能将两者顺利地融入日常生活中。他们很清楚自己想要追求的东西，但不会利用他人。他们已经充分地从原来的家庭关系中独立出来并且建立了自己的生活（Bowen，

1978）。他们有着很好的自我意识（Kohut，1985）和自我认同感（Erikson，1963），并且很珍惜他们最亲密的关系。

　　由于情感成熟的人有着善良的同情心、良好的情绪控制力以及高情商（Goleman，1995），他们总是让人感到舒服，他们对自己的感受很诚实，并且和其他人相处得很好。他们对他人的内心生活很感兴趣，并且很乐意敞开胸怀和他人分享自己的看法。出现问题的时候，他们会直接与他人共同协调彼此的差异（Bowen，1978）。

　　情感成熟的父母懂得用一种周全的方式来对待压力，同时也懂得理智地处理他们的情绪。必要的时候，他们能够控制自己的情绪，懂得适应现实，同时又对未来充满期望，他们也知道如何设身处地地用幽默来使复杂的情况变得明朗，并与他人建立更加紧密的联系（Vaillant，2000）。他们喜欢客观地看待问题，非常了解自己，明白自己的不足（Siebert，1996）。

与情感不成熟有关的性格特点

　　另一方面，情感不成熟的人的行为、情绪可能会与常人有着较大的差异。因为这些性格特点是相互联系的，那些具有其中一种性格特征的人往往也会具备其他性格特征。接下来的这一部分，我将会简要地描述情感不成熟的人的各种特征。

他们很固执

只要有了明确的目标，情感不成熟的人往往可以做得非常好，有时甚至会取得很大的成功。但是面对感情的时候，他们的不成熟便会显露出来。他们要么变得非常固执，要么变得非常冲动，他们会试图让问题简化，变得更加易于掌控。一旦他们形成了一种观点，就不再接受他人的观点。他们觉得只有一个正确答案，当人们有其他观点的时候，他们会变得非常严肃，极力维护自己的观点。

他们抗压能力较差

情感不成熟的人不知道如何对待压力。面对压力，他们的反应总是千篇一律。他们不会去分析目前所处的境况并对未来做出预测，相反，他们会选择否认或是曲解事实来应对一切。他们不会承认错误，相反，他们会忽略事实并把责任归在他人身上。对他们来说，管理情绪是很难的，他们常常对一些小事反应过度。如果他们很失落，便很难冷静下来，只有让别人做他们所希望的事，他们才会慢慢好转。他们常常在酒精饮料或是药物中寻求安慰。

他们喜欢做让自己最舒服的事

年幼的孩子是受感情支配的，成年人则会考虑可能的后果。当我们越来越成熟，我们便会明白感觉好的事情做起来未必如此。但对于情感不成熟的人来说，孩童的本能却并未改变，他们依然喜欢做让自己舒服的事。他们做决定时也是基于这一点，他们常常选择阻力最小的道路。如果你是一个成熟的人，懂得三思而后行，你可能会很难理解这些人的做法。这里有一个例子，是关于这类人的一些让人惊讶的行为。安娜说服她哥哥汤姆和她一起去与年迈的父亲，谈谈关于生活协助的事情。跟父亲闲聊了一会儿，安娜觉得是时候跟他认真地谈谈生活协助的事了。这时，汤姆却不见踪影。安娜找遍了屋子，结果在前窗看到她的哥哥开车离开了。安娜简直不敢相信自己的眼睛，汤姆怎么能那样跑掉呢？但是你想想，在那种情况下，对于汤姆那样的人来说，离开是不是比留下处理麻烦更容易接受呢？

他们很主观

情感不成熟的人看待问题非常主观。他们不会去客观地分析问题。面对问题的时候，他们更加关注自身的感受，而非正在发生的一切。他们觉得对的事情比事实更加重要。试图让一个主观行事的人客观地看待一切是徒劳的。情感不成熟的人根本不在乎事实、逻辑和历史。

他们不尊重人与人的差异性

情感不成熟的人常常因他人的不同观点而恼怒，他们觉得每个人都应该和他一样，用相同的方式看待问题。他们根本无法接受别人有自己的想法。他们不了解他人的个性，很冒失、很无礼，并且常常因此被人讨厌。只有在角色被定义了的关系中他们才觉得舒服，因为在这种关系中，所有人都有相同的信仰。

他们总是以自我为中心

一般的孩子都是以自我为中心的，但情感不成熟的成年人的自我与其说是天真，倒不如说是幼稚。与孩子不同，他们的生活非常封闭，缺少欢乐。情感不成熟的人过于以自我为中心，但没有孩子的天真。儿童是以自我为中心的，因为他们仍然受纯粹的本能驱使，情感不成熟的成年人则是由焦虑和不安感所掌控，就像受伤的人时刻担心自己身体的完整性。他们一直处在一种不安的状态中，害怕别人揭露他们，说他们很糟糕，根本不值得爱。他们时刻保持着高度的防御心理，这样其他人就无法接近他们，并威胁他们摇摆不定的自我价值观。

在你同情他们之前，请记住，防御心理让他们无法意识到自己的焦虑。他们从不认为自己感到过不安或是防御心很重。

他们非常以自我为中心

所有情感不成熟的人都非常以自我为中心。他们很在意自己的需求是否得到满足，或者某个东西是否得罪了他们。他们的自尊取决于其他人如何对待自己。他们无法接受被人批评，所以他们会忽视自己犯的错。因为他们的自我意识过于强烈，总觉得自己的需求比别人的感受更重要。例如，一个女人告诉她的母亲，听到她母亲的批评让她很伤心，她的母亲却说："如果不跟你说，我就没有任何人可以说话了。"

"自私"和"自恋"这样的词听起来会让人觉得这些情感不成熟的人常常思考自己的人生，但实际上，在遇到问题时，他们往往束手无策。他们时常怀疑自己作为人的核心价值。他们非常的自我，是因为童年时的焦虑阻碍了他们的发展。长此以往，他们以自我为中心看起来更像是慢性疼痛病人的以自我为中心，而不像是情感需求未得到满足。

他们习惯自我参照，而非自我反省

情感不成熟的人习惯自我参照，这意味着任何时候他们首先想到的是自己。然而，他们却不会自我反省。他们关注自身不是为了获得洞察力或提升对自我的理解，而是想成为关注的焦点。

当你和他们谈话的时候，无论你说什么，他们总会将话题转向自己的经历。这里有一个例子，有一位母亲正听自己的女儿讲述关系危机，接着，这位母亲由此便开始讲起了自己的离婚经历。还有另外一个例子，有一些父母在自己孩子取得成就时，喜欢回忆自己曾经的辉煌，罔顾孩子的感受。

当然还有一些相对来说更懂社交礼仪的人也许会更加礼貌地听你讲话，但你依然无法引起他们的兴趣。他们也许不会过于直接的转移话题，但他们也不会接你的话茬，或是对你的经历表示好奇。他们更可能会用一种让人舒服的方式结束谈话，比如说："那真是太奇妙了，亲爱的，你一定玩得很开心吧！"

因为不懂自我反省，所以情感不成熟的人在出现问题时从不考虑自己应该怎么做。他们不会去评价自己的行为或是对自己的动机提出疑问。如果惹了麻烦，他们会说自己本无意伤害你，然后就把事忘了。毕竟不知者无罪嘛！最终，他们在意的仍然是自己，而不是对你是否造成了影响。

他们喜欢成为焦点

　　和小孩子一样，情感不成熟的人也常常成为焦点。在一个团队里，那个情感最不成熟的人往往可以主导整个团队的注意力。一旦其他人都默认这种状态，这种局面便很难再改变。如果任何人得到了一个表达自己想法的机会，那么某个人将会试图制止他，很多人应该都不想看到这一幕。

　　你可能会觉得他们只是很外向而已。不，他们根本不是外向。如果是一个很外向的人，他会顺其自然地参与到大家讨论的话题中并随时做出调整。因为外向者需要的是互动，而不是一个听众，他们会很乐于接受他人的参与。外向者确实很爱说话，但绝不会阻碍他人。

他们有时会角色反转

　　角色反转是情感不成熟的父母的标志之一。这种情形下，亲子之间的关系完全反转了，父母渴望得到孩子的注意和安慰。这些父母会希望孩子成为他们的知己，即便是成年人的问题，他们也会跟孩子说。父母和孩子聊婚姻中遇到的问题便是这样一个例子。有时，这些父母还可能会期望他们的孩子表扬自己，为自己感到开心，就如同孩子渴望从父母那得到这些一样。

来我这进行治疗的一位女士，她叫罗拉，她告诉我，她的父亲抛弃了她和母亲，跟另外一个女人跑了，那时罗拉才八岁，只能和伤心欲绝的母亲相依为命。有一天，罗拉的父亲开着一辆新的敞篷车来接她，期间他为自己的新玩具感到兴奋不已。他以为罗拉会和他一样激动，却完全没想过罗拉和被抛弃的母亲现在糟糕的生活。

下面是另一个角色反转的例子，尽管这位父亲之前对女儿百般虐待，却还希望她能像父母对待孩子一样肯定他、表扬他。

弗丽达的故事

弗丽达是一个近 30 岁的女性，她生活在一个被恐惧笼罩的家庭中。她的父亲马丁常常对他们拳脚相加。虽然在同事和公众眼里马丁是一个正直的人，但在家里他常常用皮带抽打自己的孩子，直到孩子的身上伤痕累累。后来弗丽达开始反抗，父亲才停止打她，但她的妹妹依然要受此折磨。父亲也常常用言语贬损弗丽达的母亲。

马丁是一个喜怒无常的人，有时会很没耐心、很恼怒，有时又会特别慷慨、特别开心、特别有爱，这些都取决于他这天过得顺不顺心。但通常情况下，马丁并没有扮演好父亲这个角色，相反，他常常希望家人来安慰他，以他为中心。他时常放任自己的情绪，并要求其他人无条件地满足他的需求。弗丽达常常成为他角色反转的对象，马丁非常希望她能像母亲一样爱他、欣赏他。

例如，在弗丽达已经搬到了自己的别墅后，马丁认为她需要一个门廊秋千，而且不能是普通的秋千，而是他花了大力气亲手做的。在未经女儿同意的情况下，马丁便把秋千送到她那里，但这个秋千占据了外面大部分的空间，这本是她闲坐、享受惬意时光的地方。这个秋千太大了，根本移动不了，这让弗丽达很是头疼，就像马丁在家里占据了大部分"空间"一样。他还为刚送了一件艺术品给弗丽达的母亲而骄傲。所幸，在了解了父亲的不成熟以及角色反转的内因之后，她感到如释重负，接着她让人把秋千挪开，把一切还原成她喜欢的样子。

他们缺乏同理心并且对感情不敏感

缺乏同理心和避免与他人的情感亲密一样，都是情感不成熟的人的主要特征。他们对别人的感受毫不在意。

同理心不只是社交礼节，它是情感亲密所必需的。没有它，你不可能和他人建立深厚的情感联系。我最喜欢的对"同理心"

的定义出自婴儿依恋的研究人员克劳斯和卡琳·格罗斯曼和安娜·斯科万，他们把同理心描述成一个敏感的母亲"从婴儿的观点感知他们的状态与意图"的能力（1986，127）。这个定义包含对情绪与意图的理解。同理心不仅仅包含同情心，它还包括对他人的兴趣和意念的感知。

最高层次的同理心需要人具备一种称为心智化的想象力（Fonagy and Target，2008），心智化意味着一个人能够想象其他人也有自己独特的思想与思维过程。发展心理学家称之为心智理论。获得这样的能力对孩子而言意义重大。心智化使得你可以理解他人的观点以及内在体验，明白他们的思维不同于你。好父母通常都具备这样的能力，他们对自己孩子的心智非常关心，这让孩子觉得有人理解自己。凡是在需要洞察他人的场合，如商业、军事领域等，同理心都是领袖必不可少的特征之一。同理心是情商的一个重要组成部分（Goleman，1995），而情商对在社会上和职业上取得成功来说至关重要。

心理学家保罗·艾克曼阐述了同理心和同情心之间的差异。真正的同理心不仅仅是能够理解他人的感受，还应该能对这些感受产生共鸣（Ekman，2008）。例如，不爱社交的人也许很善于发现他人的情感弱点，但他们无法做到对他人的感受产生共鸣。

这揭示了一个关于情感不成熟的人的奇怪事实。尽管他们不会对别人的感受产生共鸣，但当到了理解他人的意图和情感的时候，他们往往很敏锐。然而，即便理解了他人的意图和情感，他们也不会借此来促进彼此的情感亲密。相反，他们的同理心只停留在表面。你也许会感觉到自己的想法被他们摸透了，但他们不会对你报以同理心。

缺乏对他人情感的共鸣意味着一个人自我发展不足。父母必须在自我发展达到一定程度并且能够理解自身的情感后，才能够准确地猜到孩子们的感受。如果对自身感受的自我意识未得到充分的发展，他们就无法对别人，包括他们的孩子的内在感受产生共鸣。

为什么有这么多情感不成熟的父母

我的很多客户跟我分享了一些故事，这些故事反映了他们的父母在情感上的不成熟。对我来说，这就引出了一个问题：是什么导致了这么多父母的情感不成熟。根据我的观察和临床经验，造成这些人情感不成熟的原因可能是我的这些客户的父母在童年时期情感发展便停止了。

在我和我的客户研究他们的家庭历史的过程中，他们常常会想起一些父母童年时期过得不开心的迹象。药物滥用、抛弃、失落、虐待或痛苦的移民经历，使家庭笼罩在失落、痛苦、彼此疏远的氛围中。许多人告诉我，虽然他们觉得自己被忽视、被虐待，但和父母童年的悲惨故事比起来根本算不了什么。我的客户的母亲通常和他们的外祖母彼此有很多矛盾，很不愉快，但他们的外祖母对他们很慈爱。我的很多客户的父母似乎从未得到自己父母的支持，从未与自己的父母建立亲密的关系，于是他们便不断加深自己的防御心理来应对早期的情感孤独。我们还应当知道，我的客户的父母所接受的那种老派的教育，往往对孩子们的需求视而不见。即便在学校，体罚孩子也是可以接受的，因为体罚可以让孩子更加有责任感。对很多家长来说，"孩子不打不成器"是至理名言。他们不在乎孩子的感受，认为教育就是教孩子言行得体。直到 1946 年，本杰明·斯波克博士在他超级畅销的作品《斯波克育儿经》（*The Common Sense Book of Baby and Child Care*）一书的原版中提出了一个理念，他觉得教育孩子，除了身体护理与管教，孩子的情感和个性也应当得到重视。在这种转变发生前的几代人中，父母往往会教导孩子服从自己，而不顾孩子的情感表达和个性。

在接下来的故事当中，你将看到老派的教育对我的客户的影响。

埃莉的故事

埃莉是一个大家庭中最年长的孩子，她说自己的母亲特鲁迪是一个很慷慨但又很严格的人。特鲁迪热衷于在教堂和社区为他人服务，大家都认为她很亲切、乐于助人，但她对自己孩子的感受却无动于衷。埃莉经常做噩梦，但只能靠她最喜欢的毛绒动物玩偶来安慰自己。一天晚上，当时埃莉大概 11 岁，她的母亲突然把她的毛绒动物玩偶拿走了，还说："我要把它送人了，你年纪不小了，不适合玩这个。"埃莉乞求母亲不要这样做，特鲁迪却说埃莉很荒唐。虽然特鲁迪很照顾埃莉，但埃莉对珍贵玩具的情感依恋丝毫没有影响到母亲。

他们家有一只猫从埃莉学会走路起就一直在这个家庭里，埃莉很喜欢和它在一起。然而有一天，艾丽放学后回到家，特鲁迪却告诉她自己把猫送人了，因为它把家里弄得一团糟。艾莉崩溃了，多年以后特鲁迪告诉埃莉："我们只负责给你提供基本的生活条件，至于你的感受，我们根本不在意。"

萨拉的故事

萨拉的母亲是一个很拘谨、很冷淡的人，萨拉从小便受到她的严格教育。她记得母亲似乎总是在感情上与人保持距离，不会轻易表露自己的情感。但莎拉至今还保存着一份关于母亲的珍贵回忆，一个清晨，母亲静静地站在萨拉的床前，深情地看着睡着的萨拉直到她醒来。其实当时萨拉已经有些清醒了，但她没有移动，因为这样她就可以一直享受这样温馨的时刻了。她知道一旦完全醒来，她的母亲又会和她保持"适当的"距离了。

情感封闭对人更深层次的影响

当然，情感不成熟的父母也曾是孩子，小时候他们为了被自己的父母接受，不得不隐藏自己的情感。可以想象，埃莉的母亲和萨拉的母亲在孩童时期都没有得到太多情感关怀。很多情感不成熟的人早期都受到了过于严苛的教育，内心的情感被过度抑制了。他们的性格就像矮小的树木盆景，有些畸形。因为他们要适应自己的家人，所以不得不做出一些调整，结果却造成了他们的性格缺失。

适当的表达本可以培养一个人强烈的自我意识和成熟的自我认同感，但也许是因为很多人没有机会去探究和表达自己的感受和想法，这使得他们很难去认识真正的自我，弱化了他们与别人建立亲密关系的能力。如果你对自身没有一个基本的认识，那么你就不可能与他人建立深层次的情感联系。这种被束缚的自我发展还会造成额外的、更深的性格缺陷，这在情感不成熟的人中很常见。

他们常常反复无常、自相矛盾

情感不成熟的人对自身没有一个整体意识，他们看起来更像是一个奇怪的混合物，身心的很多部分并不协调。因为害怕父母，他们不得舍弃一些重要的东西，这使得他们的性格很孤立，就像拼图的碎片一样，很难形成一个整体。这也解释了他们的反复无常。

可能是因为他们儿时没有机会表达自己的感情，情感经历不完整，导致他们长大后变得反复无常。他们性格的基础很弱，经常表达和做出矛盾的情绪和行为。他们言行反复无常，但自己丝毫没有意识到。当这些人成为父母后，他们的这些性格会给自己的孩子造成很多情感上的困惑。我的一位女性客户说她的母亲行为混乱，"随意变卦，蛮不讲理"。

这种前后矛盾表明这些情感不成熟的父母对孩子关心还是疏远取决于他们的心情。他们的孩子有时能得到他们短暂的关怀，但不知道何时才能再次被父母关心。行为心理学家称这种情况为间歇性奖励，意思是你会为自己的付出得到一些奖励，但这种奖励是你无法预测的。因为付出可能会得到回报，这就使得孩子们下定决心要得到那些奖励。在孩子们努力争取那些难得的奖励的过程中，父母的反复无常反而拉近了亲子间的关系。

和反复无常的父母生活在一起可能会削弱孩子的安全感，就

如同把孩子放在了悬崖边。由于父母的反应为孩子指示了他们的
自我价值所在，所以这些孩子在某种程度上会认为，父母的情绪
变化是他们造成的。

伊丽莎白的故事

伊丽莎白的母亲总是让人难以预料。每次走近母亲身边，伊
丽莎白都会很紧张：她的母亲会把她推开，还是会对她很友善？
伊丽莎白告诉我说："我必须时时注意她的情绪变化，如果她看
起来有些消极，我就会和她保持距离，如果她心情不错，我就
可能会和她说说话。她能让我开心，所以我竭尽全力想得到她
的认可。"小时候，伊丽莎白常常担心自己让母亲的情绪变糟。
每次母亲情绪不佳，伊丽莎白总觉得一定是自己有缺陷。

其实，伊丽莎白并没有缺陷，但是她想到的唯一能够引起
母亲情绪变化的，就是自己做了错事，或者自己本身有缺陷。

防御心理让他们看不清自己的本质

在儿时，情感不成熟的人没有学着去了解自身，没有形成自
我意识，他们认为自己的一些感情是不应该有的。因此他们不自

觉地在心里形成了一道防线，来抵制自己的情感。结果，他们压抑了自己的天性，变得很难接受与他人的情感亲密。

许多孩子没有意识到他们父母的发展的局限性，认为他们的父母本质上一定是真诚而又成熟的，只要父母愿意，他们和自己便可以相处融洽。如果父母偶尔很关爱孩子，孩子更会这样想。

正如一位女士告诉我的那样："和我的父母一起，我习惯选择他们好的一面，然后假装这就是他们真实的一面。之后不断暗示自己，一定是这样的，但事与愿违。我也常常假装他们是无意伤害我的。但现在我意识到这一切都是真实的。"

当人们的防御心理成为个性的一部分时，他们会像身体的疤痕一样真实可见。这种防御心理不是与生俱来的，但一旦形成，便很难改变。这些局限性都是他们性格的一部分。他们最终能否变得更加可靠、更加平易近人，取决于他们的自我反省能力。

人们常常想，他们的父母是否会做出改变。我想说，自我反省是做出改变的第一步。不幸的是，如果他们的父母没兴趣去了解自己对孩子造成的影响，也就不会自我反省。如果不进行自我反省，他们是不可能改变的。

汉娜的故事

汉娜的母亲是一个很勤劳、对孩子很严格的人，汉娜一直很渴望与她建立更加亲密的关系。有一次，汉娜去拜访母亲，期间汉娜请求她的母亲告诉自己一些从未与人分享的故事。汉娜的这一请求让她的母亲瞬间褪去了保护色。起初她看起来就像聚光灯下的小鹿，接着便哭了起来，完全说不出话。汉娜感觉自己那个简单的请求既让母亲惊恐又让她感动。汉娜不知不觉地穿过了母亲心里的那道防线，在那里，她看到了母亲深藏多年的痛苦，原来母亲在童年的时候也很渴望有人倾听自己的感受，但没人在乎。汉娜对母亲的经历的兴趣与同理心冲破了那道构筑已久、用来抵制自己情感需求的防线。她真的不知道该如何去回应汉娜试图与自己建立亲密联系的做法。

未得到充分发展导致了情感缺陷

尽管情绪反应强烈，情感不成熟的人对自身的情感却很矛盾。他们很容易受情绪扰动，但他们又很害怕表露自己最真实的情感。如果他们生活在一个家庭中，而家人不关心他们的情感或者因他们的沮丧而惩罚他们，那么就可能出现这种矛盾的情况。于是，他们会觉得越早学会抑制自己的情感越好。他们还会觉得感性世界很危险。

他们害怕自己的感觉

许多情感不成熟的人儿时被家人教导，本能地表达某些情感是一种可耻的、违反家庭习俗的行为。于是，他们认识到，哪怕是体会这些情感都可能招致羞怒和惩罚，更别说是表达自己的情感了，心理治疗研究者称之为情感恐惧症（McCullough et al., 2003）。所以他们学会了将最私人的情感及其弊端联系起来，然后他们再也不能接受某些情感，尤其是那些与情感亲密有关的情感。因此，他们急切地想要抑制自己的真实感受并逐渐形成防御心理，而不是去体会真实的感受和冲动（Ezriel，1952）。

情感恐惧症可能会使人形成僵化而又狭隘的性格，这一切都源于他们对自身感受的抵制。这些情感不成熟的人在成年后对待深厚的情感联系会产生一种近乎本能的焦虑。大多数真实的情感会让他们感到这种焦虑。他们把精力都用在了构筑"防御的城墙"上，这堵墙可以避免他人看到自己脆弱的一面。为了避免危险的情感亲密，他们坚决抵制谈论情感问题，即便与爱人也是如此。

待他们成为父母，又会把情感恐惧症传给他们的孩子。在这样的家庭里，"我让你哭！"之类的恐吓是父母对沮丧的孩子的常见反应。很多生活在这种家庭里的孩子害怕自己一旦哭起来便停不下来，因为他们从未被允许自然地表达自己的情感，不知道眼泪会停止往下流。因为他们和有情感恐惧症的父母生活在一起，父母完全不顾他们的痛苦，极力压制他们，他们从未痛痛快快地体会过哭泣的感觉。

我们很容易看到在这种环境下成长的孩子会慢慢变得害怕自己的情感。实际上，他们的积极情绪，如欢乐、激动也常常伴随着不安。例如，安东尼回忆起一件痛苦的往事：一天，他看到父亲的车在车道上停了下来，便高兴地跑出前门去迎接父亲。安东尼跃过小灌木，然后猛踢了它一脚，把它弄倒了。结果，父亲没有夸奖他，而是把他揍了一顿。安东尼开始惧怕自己的父亲，同时也开始担心过于开心可能会给自己带来麻烦。

他们关注物质和外在而非情感

情感不成熟的父母能够很好地满足孩子们的物质需求，衣食住行和教育等。总之，只要是那些摸得着的、对孩子发展有益的东西，他们都会尽可能满足孩子的需求。但对于孩子的情感需求，他们可能毫不在意。

我的很多客户都说他们生病的时候，父母都会悉心照顾他们，他们至今都保存着这些美好的回忆。但只有在这些父母相信孩子的确生病了的情况下，才会给孩子买很多礼物以及孩子们最喜欢的食物，这时候孩子们才觉得父母是爱自己的，这也让孩子们长大后依然记得有人曾经很关心他们。

这都讲得通，孩子生病让家长有了关心孩子的理由。按理说，因为是为了帮助孩子恢复健康，所以这些父母会觉得这些表面的呵护还能接受。但对于他们对情感依恋依然很警惕。

那些身陷情感孤独的人会因为得到这种不带感情色彩的悉心照顾而感到疑惑。他们很相信父母很爱自己，愿意为自己做出牺牲，但他们依然缺乏安全感，感受不到与父母间的情感亲密。

他们可能会很让人扫兴

因为情感不成熟的人害怕流露自己的真实情感，所以他们常常很让人扫兴。当孩子对某些事很感兴趣、充满热情的时候，情感不成熟的父母可能会突然改变话题，或者提醒孩子别过于乐观。他们还可能说一些消极的或者批评性的话来浇灭孩子的热情。有一次，我的一位女性客户告诉她的母亲说，她买了自己的第一栋房子，喜悦之情可谓溢于言表，她的母亲却说："是呀，现在你可以忙其他事了。"

他们有着强烈而又肤浅的情感

情感不成熟的人容易因深沉的情感而不知所措，于是他们将这种不安转变成了一种快速反应。他们的反应很肤浅，并没有深刻地体会所发生的事。他们容易激动，有时会很矫情，他们甚至还可能被感动得痛哭流涕，或者是对任何他们不喜欢的东西表示愤怒。他们似乎充满激情和深刻的情感，但他们的情感表达往往很肤浅，很快便会平息。

和这些人聊天时，你会发现他们的情感很肤浅，很难因为他们的不幸而同情他们。也许你会告诉自己应当更深入地理解他们，但你的心是无法与他们夸张的反应产生共鸣的。而且他们常常反应过度，和他们相处一段时间后，你就会想摆脱他们。

他们未曾体验过复杂的情感

能够体会复杂的情感是情感成熟的标志之一。如果人们可以体会矛盾的情绪，如快乐与内疚，或愤怒与爱，这表明他们可以包容情感的复杂性。一旦人们具备了同时体会不同情感的能力，世界将变得更加丰富、更加成熟。这些不同的情感可以反映一个人所处情境的细微差异。然而，情感不成熟的人的反应往往是非黑即白的，完全不具备矛盾心理、进退两难以及其他复杂的情感体验。

思维品质上的差异

除了情感和行为上的差异，成熟的人与不成熟的人之间还有智力上的差异。如果你的父母在一种充满焦虑和批评的家庭氛围中长大，他们的思维可能会很狭隘。童年时期过度的焦虑不仅会导致一个人情感不成熟，而且会让人思维过于简化，无法接受相反的思想。在常常受到压迫和惩罚的家庭环境影响下的孩子们的自由思想和自我表现往往得不到鼓励，这对他们心灵的成长造成了一定的阻碍。

进行概念性思考会遇到很多障碍

步入青春期，孩子们开始从概念上进行思考，这使得他们能够用逻辑和推理而不是靠冲动来解决问题。大脑的加速发展使得他们变得更为客观，更富有想象力。他们能够将不同的想法汇集起来，然后对这些想法进行思考。他们不再只是记住发生的事，还会评价不同想法的优劣，而不仅仅是比较事实。他们能够独立地思考，并由以往的知识形成新的见解。当孩子进入青少年时期，他们的自我反思能力会大幅提升，因为他们能够不断改进自己的思想（Piaget，1963）。

然而，情感不成熟的人常常很焦虑，情绪很激烈，这使得他们的思考能力无法达到那样的高度。由于常常受制于自身的情绪，这让他们很难在备受压力的情况下理性地思考。实际上，情感倒退以及暂时失去理性思考的能力使得他们无法做到自我反省。当谈到容易激发情绪的话题，他们的头脑马上就会陷入僵化的非黑即白的思想中，拒绝任何复杂的思想以及思想的碰撞。

当然，有一些情感不成熟的人，只要他们在当时没有受到太多的威胁，就能够进行概念性的思考，并且常常极具洞见。但这种情况仅限于在谈论的话题没有激起他们的情绪时才会发生。这让他们的孩子非常困惑，孩子看到了自己父母完全不同的两面：时而非常具有智慧、非常理性，时而非常狭隘、难以相处。

他们倾向于做表面的思考

如果去听情感不成熟的人的谈话，你可能会注意到他们的思维非常简单。他们倾向于和别人谈论刚发生的事以及他们看到的一切，而不会去谈论感情世界。例如，我的一位男性客户认为他与母亲的电话内容完全是在打发时间、非常无聊，因为她从来没有谈论过任何实质性的东西。她只会问他一些世俗的问题，比如他在做什么或者天气怎么样。他告诉我："她只会谈最近的事，除了告诉我最近发生的事，其他的都不谈。在和我谈话的时候，她从不接我的话茬。我很沮丧，我真的很想对她说，'我们就不能谈一些有意义的事情吗？'但是她不会的。"

过度理智化

情感不成熟的另一种标志是过于理智化，并且对某些特定的话题太过沉迷。在那些领域，情感不成熟的人确实能够从概念上进行思考，甚至可以说有些极端。但是他们不会把这种能力运用到自我反思上，或是用于提升对他人感受的敏感性。对自己见解的过分专注使得他们有些不懂人情味。他们可能会很尽情地讨论最喜欢的话题，但无法凭此真正地吸引别人。结果是，他们可能和那些停留于表面的思考者一样难沟通。尽管他们在表达自己的观点时可以做到概念思考，但只有所讨论的话题处在一个客观和理性的水平上，他们才会觉得舒服，才会乐于与人交流。

总结 ○ ○ ○ ○

情感不成熟是一个已经被研究已久的真实现象。它会弱化人们应对压力和与他人建立亲密情感的能力。情感不成熟的人童年时期通常生活在不利于心智发展的家庭中。结果，他们把生活过于简单化，以此来适应他们刻板的应对技巧。这使得他们常常以自我为中心，并且弱化了感知他人需求与感受的能力。反应性情绪、缺乏客观性以及害怕情感亲密使得他们很难与别人尤其是与自己的孩子建立亲密的关系。

下一章，我们会看到和情感不成熟的父母相处是一种怎样的体验，以及孩子们在与这样的父母沟通时所遇到的困难。

第3章

和情感不成熟的父母相处是
一种怎样的体验

○ ○ ○ ○ ○ ○ ○

情感不成熟的人不重视修复与人的关系，并习
惯推卸必要的情感工作，毫不在意别人的感受。相
反，他们只专注于别人是否让他们舒服。

在这一章中，我将探讨情感不成熟的父母处理关系的方式是如何使孩子的情感需求受挫的。你或许已经知道，和这样的父母一起生活，让人感到既孤独又可气。

但这又是无法改变的。孩童时期，我们最为依赖的人便是生养我们的父母，如果我们感到害怕、饥饿、疲惫，或是生病，第一个想要求助的人就是他们。在我们感觉良好的时候，我们也许会去找别人玩，但压力或迫切的需求又会让我们想要回到我们最重要的照顾者身边（Ainsworth，1967）。

这种早期亲子关系的规律有助于解释为什么情感不成熟的父母会如此令人失望。与他们的关系是很难处理的，但当我们与他们疏远或与分离时，又会感觉自己正在失去一些很重要的东西。最原始的本能促使我们寻求父母的关心和理解。

（练 习）

测试你童年时期因情感不成熟的父母而遭遇到的困难

情感不成熟在人与人的关系中表现得最明显，在所有的关系中，它对亲子关系的影响尤为深刻。请仔细阅读以下语句，这些语句描述了情感不成熟的父母给孩子造成的一些最让人痛苦的麻烦，请在与你的童年经历相关的语句前打钩。

_____ 我很少得到父母的关心。

_____ 父母的情绪会影响整个家庭。

_____ 父母对我的感受不敏感。

_____ 我感觉自己应该在未被告知的情况下就明白父母的需求。

_____ 我感觉无论我怎么做，都无法让父母开心。

_____ 我为理解他们所做出的努力比他们为理解我所做出的努力要多。

_____ 和父母开诚布公地交流很难或者根本不可能。

_____ 我的父母认为人们应该尽好自己的义务，不能违背常规。

_____ 父母常常不尊重我的隐私。

_____ 父母认为我过于敏感、过于情绪化。

_____ 父母很偏心。

_____ 如果他们不喜欢别人说的话，就会拒绝听下去。

_____ 在父母身边，我常常感到很内疚、很愚蠢、很糟糕，或者很羞愧。

_____ 当我们之间出现问题时，父母几乎不会道歉或是试图改善大家的关系。

_____ 我常常觉得自己对父母有一股压抑的怒火，但不能表现出来。

这些话与我接下来要描述的特征是相互联系的，你的父母也许不会具备以上所有的特征，但仅仅具备其中几条也足以说明他们的情感不成熟。

沟通很难或者完全不可能

如果你一直试图理解一个不善于处理亲密关系的情感不成熟的父母，你所做出的努力可能会白费。即使你的父母很友好、很热心，但他可能会很狭隘，很难让其对其他人感兴趣。你可能已经尝试了很多年，试图找到一种方法来与父母建立情感联系，结果却一次又一次地被忽视。你可能会感到很愤怒：是你父母的不敏感造成了这一切。

正如一个人在谈及她的以自我为中心的母亲时所说的话："她认为我们很亲密，但对我来说，我们的关系并不让人满意。当她告诉大家我是她最好的朋友时，这让我很抓狂。"

与情感不成熟的人沟通常常让人感觉是单方面的行为。他们对共同的谈话毫无兴趣。他们就像小孩子，总想让所有人都对自己觉得有趣的事情感兴趣。如果其他人比他们更受关注，他们就会想办法把注意力"抢"回来，比如打断别人，引发意想不到的事来引起大家的注意，或改变话题。如果这些做法都不奏效，他们可能会直接退出，或者显得无精打采，或者跟别人说他们是不受约束的，以此来确保注意力停留在他们身上。

布伦达的故事

布伦达年迈的母亲米尔德丽德，一直都非常以自我为中心。在米尔德丽德度假期间去看望了她之后，布伦达感到筋疲力尽。在那之后我们见过一面，布伦达看起来很疲惫，好像老了不少。在这次谈话中，布伦达是这样描述她的母亲的："我妈妈只对自己感兴趣。她从来没有问过我的感受，或工作进展如何。她只想知道我在做什么，这样她就可以对朋友们炫耀。我不认为她真的听进了我的话。我们从未有过真正的关系，因为注意力总是在她身上。她从来没有关心过我的情感需求。她不会在乎我是否真的很开心，无论我说什么她都毫不在意。只要有她在，我就得以她为主。她只是想让我为她做所有事情。我不知道她为何有这么多要求。"

虽然米尔德丽德 80 多岁了，她的以自我为中心却有点孩子气。布伦达知道她母亲在智力水平上的不成熟，但仍然觉得自己很生她的气。正如她告诉我的那样："我希望她不要掌控我的感情。当我在她身边时，我为自己的生气感到很沮丧。"在米尔德丽德来访期间，布伦达多次试图把老人家安顿下来，这样她就可以在假期做些事情了。但没过几分钟，米尔德丽德就会打电话给布伦达，期望她放下手边工作，给自己带些东西过去。被人多次打断确实很让人恼火，但布伦达的强烈反应远不止此。下面是关于情感依恋的，这将帮助我们理解布伦达生气的原因。

他们激起愤怒

约翰·鲍比是研究儿童对于分离和失落的反应的先驱，他发现被父母忽视后，孩子们通常会很生气。孩子们会因为失落而悲伤，但鲍比发现，分离常常也会引起孩子的愤怒（1979）。这是可以理解的。愤怒和狂暴是对被遗弃感的适当反应，它们可以帮助我们抗议并改变不健康的情绪状况。

在这一点上，布伦达对她母亲的愤怒并非肚量小或不理性，这是她对由母亲的情感忽视造成的无助感的生理反应。毕竟，被忽视会导致情感的隔阂。对于布伦达来说，这就像她的母亲曾多次撇下她不管。当布伦达了解到母亲的以自我为中心相当于一种对孩子的情感上的遗弃，她第一次理解了为何自己如此生气。她并没有反应过度；这只是她对受到的情感伤害的正常反应。一旦布伦达明白了她的愤怒来自哪里，就可以用不同的眼光来看待自己了。她一直是一个正常的孩子；她所体会的那种愤怒和任何孩子在受到父母的冷落时体会到的一样。

有时，情感不成熟的父母的孩子会压抑自己的愤怒或转为针对自己。也许他们知道，直接表达愤怒太危险，或者他们可能对自己的愤怒感到过于内疚，以至于他们无法意识到自己的愤怒。当愤怒被这样内化，人们倾向于不切实际地批评和责怪自己。长此以往，他们最终可能会严重抑郁，甚至可能有自杀的想法。另外，有些人则用一种被动性进攻的方式来表达自己的愤怒，试图通过遗忘、说谎、拖延，或逃避等行为来"报复"他们的父母和其他权威人物。

他们通过情绪传染与人进行沟通

由于情感不成熟的人对自己的感受意识不强，缺乏情感体验，他们通常会表现出自己的情感需求，而不是谈论它们。他们使用一种被称为情绪传染的沟通方法来让别人体会他们的感受（Hatfield，Rapson，and Le，2007）。

情绪传染也是婴儿和小孩表达他们需求的方式。他们哭、闹，直到照顾者找出问题并解决它。传染性的情绪从不安的婴儿蔓延到成人身上，并迫使照顾者想尽一切办法来安抚孩子。

情感不成熟的成年人会用同样原始的方式来传达情感。作为父母，他们苦恼的时候，他们会让自己的孩子和周围的每一个人都感到很沮丧，这么做的结果通常是别人愿意做任何事情来让他们舒服些。在这种角色反转的情况下，孩子们感受到了父母的痛苦，觉得自己应该做点儿什么来让父母好受些。然而，如果这些沮丧的父母没有试图去理解自己的感受，任何人都帮不了他们。相反，他们这种沮丧的心情会传染给身边的其他人，以至于所有人只能在不知道发生了什么的情况下做出反应。

他们不做情感工作

　　情感不成熟的父母不会去了解其他人，包括自己孩子的情感体验。如果别人指责他们对他人的需求或感情不敏感，他们的防御心理便会加强，接着会说一些类似于"你早该这么说的！"的话。他们也许还会说自己又不懂读心术，或者说那个受到伤害的人太过于敏感了。他们这么回应其实都是在表达同一个意思：他们没必要去理解别人的内心。

　　哈丽特·弗拉德是一名精神病学者，在文章"情感领域的工作"（*Toiling in the Field of Emotion*，2008，270）中，她提到了一个词语"情感工作"，来形容为理解他人而付出的努力："情感工作是指为理解并满足他人的情感需求而付出的时间、精力。我所理解的情感需求是指人渴望被别人需要、赞赏、爱和关心。个人的情感需求往往是不言而喻的或未知的 / 无意识的。情感工作常常伴随体力劳动（生产商品或提供服务），但情感工作不同于体力劳动，它旨在产生特定的感受，如被需要、被欣赏、被爱或关心。"

　　她接着解释说，由于情感需求往往是模糊的或潜意识的，人们并非总能意识到他们需要情感上的安慰。抑或是，人们可能会隐藏自己的需求，因为他们羞于承认，所以帮助者必须委婉地给这些人提供安慰，保全他们的面子。

情感工作很难做。做这项工作的人还必须保持观察，看看他们的努力是否有效。许多角色和职业很大程度上依赖于情感工作，如果情感工作做得很好，那么其他人几乎不会注意到你所付出的努力，因为这类工作本身就不是那么容易察觉的。好的母亲便是这种默默无闻的榜样，任何服务业中的职业也是如此。

成熟的人在人际关系中常常主动承担这种情感工作，是因为他们具备同理心和自我意识。如果他们关心的人有麻烦，他们绝不会忽视。情感工作使他们能够成功地维系好各种人际关系，并且不阻碍别人的发展。无论是在工作中还是在家里，情感工作都可以促进友好的人际关系。

另一方面，情感不成熟的人却往往因缺乏这种能力而自豪。他们会为自己的冲动行事和反应不敏感找借口，比如"我只是说了我认为的"或"我无法改变真实的自己，这就是我"。如果你告诉他们，不把自己所认为的都说出来才叫有理智，或者一个人如果不改变自己，就不可能成熟，他们可能会很生气，或者干脆不理你，说你很可笑。

他们好像觉得如果别人不把自己的痛苦或困难说出来，他们就可以高枕无忧了。他们相信自己没有理解他人感受的义务。相反，情感成熟的人总是很在意他人的感受，因为他们知道这是良好关系的一部分。对于有同理心的人来说，情感工作很容易做。然而，对于那些缺乏同理心并且觉得别人很难理解的人来说，情感工作根本就是一种巨大的考验。所以，情感不成熟的人常常抱怨被期望去理解他人也就不足为奇了。

他们很少给予

情感不成熟的人常常渴望别人注意到他们的需求，但自己却很少给予。这一特质被研究者利·麦卡洛称为糟糕的接受能力（McCullough et al.，2003）。情感不成熟的人希望别人对他们的问题表示关注，但他们不太可能接受有益的建议。他们会本能地拒绝别人对他们提供的帮助。他们把别人拉进来，但当人们试图帮助他们时，他们又把别人推开。

此外，这些人似乎期望别人能够明白他们内心的想法，如果别人没能快速地预见到他们的想法，他们便会非常生气（McCullough et al.，2003）。他们不喜欢告诉人们他们需要什么，相反，他们会有所保留，等着看是否有人会注意到他们的感受。情感不成熟的成年人典型的潜需求是："如果你真的爱我，你应该知道我想让你做什么。"

这里有一个例子，一位女性说，她母亲习惯坐在书房里，直到一位家人从厨房回来，然后她便生气地抱怨说，这个人竟没有想到问她是否想要一杯水。情感不成熟的人不直接说他们想要什么，相反，他们会发明一个让每个人都坐立不安的恶性猜测游戏。

他们拒绝修复与人的关系

任何关系必然会出现问题，所以掌握处理冲突、改善关系的方法是很重要的。一个人有自信并且很成熟，才会承认错误并努力使事情变得更好。但是情感不成熟的人拒绝正视自己的错误。

被情感不成熟的人冤枉过的人如果无法摆脱这些人所带来的痛苦的话，就可能会觉得是自己做错了。情感不成熟的人会希望你让他们尽快脱身。如果因你没有及时原谅他们而责备你可以让他们好受些，他们会这么做的。

关系破裂后，许多人会做出关系专家约翰·戈特曼所说的修复尝试（1999），道歉、请求原谅，或在某种程度上做出弥补，来显示打算和好的决心。但情感不成熟的人对于宽恕的意义却有着一种不切实际的想法。对他们来说，宽恕等于让一件事像是从来没有发生过，然后重新来过。他们不知道人们在遭到背叛后需要一定的时间才能再重新建立信任。他们只是想让事情恢复正常。

在他们看来，其他人的痛苦是唯一的瑕疵。如果其他人能够放下之前的事，一切都会好起来的。

他们需要他人的模仿

"模仿"是成熟的父母对子女本能的同理心和亲密联系的一种表现形式。对情绪敏感且反应很快的父母，通过在他们的脸上表达相同的情绪来反映他们的孩子的情绪（Winnicott，1971）。当他们的孩子很悲伤的时候，他们会表示出关心；当他们的孩子很快乐的时候，他们会显得很热情。通过这种方式，情绪敏感的父母教会他们的孩子何为情绪，以及如何让他人自发参与进来。一个孩子从父母良好的"反映"中体会到了被人理解的感觉。但情感不成熟的父母的孩子情况则不同。正如一个人说的关于他母亲的情况："她不了解我真实的一面。即使我是她的孩子，她也永远不会了解真正的我。"

事实上，情感不成熟的父母期望他们的孩子来了解并反映他们的情绪。如果孩子不按他们希望的方式做的话，他们会感到非常沮丧。他们的自尊太脆弱了。然而，没有一个孩子能够在心理上准确反映成人的情绪。

情感不成熟的父母常常幻想孩子会让他们感觉舒服。当他们的孩子有自己的需求时，这些父母就会陷入一种强烈的焦虑状态。那些情感极不成熟的人可能会牺牲孩子的利益，用惩罚、威胁、羞辱来维护他们的自尊和控制欲。

辛西娅的故事

　　辛西娅的母亲斯特拉是一个情绪非常不稳定的人，她希望辛西娅能够模仿她每天的心情，就像一个情感的克隆品。当辛西娅决定做一次成年旅行时，斯特拉爆发了，她大叫"你不是我女儿！"然后就断绝了与辛西娅的所有联系。她几个月都没和辛西娅说话，即便是辛西娅的生日也是如此。辛西娅总结了她母亲的话的意思："你想独自生活了。你离开了我。我不想再和你有任何联系。"

　　还有一次，辛西娅计划去拜访在加拿大的朋友，斯特拉同样发怒了，她切断了辛西娅的大学经济来源。她告诉辛西娅，她去旅行是很自私的，还说："你怎么了？生活不是玩乐！"只有辛西娅过着和她一样狭隘的生活时，她才会有安全感。

　　所幸，辛西娅很独立。她靠自己把大学读完了，并且成为一名空中乘务员，经常去异国他乡旅行。但在脑海里，她仍然有这样的信念，如果她想保持任何关系，就必须去抚慰和"模仿"另一个人。她告诉我，她一直很怕别人像她的母亲一样对待她，仅仅因为彼此有些不同就惩罚她。

他们的自尊取决于你的顺从

　　情感不成熟的人只有在别人完全服从于他们的时候，才会感觉良好。因为情感不成熟的父母有着这种不稳定的自我价值，所以他们很难去容忍孩子的情绪。一个沮丧或是挑剔的孩子，会引起他们对自身的忧虑。如果不能让孩子立刻安静下来，他们可能会觉得自己很失败，然后责怪孩子扰乱他们。

　　例如，杰夫记得童年时期发生的一件事，他去找父亲问一些家庭作业的题，但杰夫没能很快领会父亲的意思，于是他的父亲喊道："你是有多愚蠢？别偷懒。你只是不去尝试。"毫无疑问，杰夫受到了伤害，他再也没向父亲求助过。他作为一个孩子所不知道的是，如果父亲没有帮助杰夫很快地理解一个问题，他会害怕自己是一个无能的父亲。他的那种反应根本不是针对杰夫的。

　　对于情感不成熟的人来说，所有的互动都归结为他们是好是坏，这也解释了当你想和他们谈谈他们做过的事情时，他们所表现出的极度的防御心理。哪怕是对他们的行为极为温和的抱怨，他们也经常用一种极端的话来回应，就像"好吧，我一定是最坏的母亲！"或者"显然我不能把任何事情做好！"他们宁愿结束谈话，也不想听别人说让他们觉得自己是个坏人的话。

他们认为角色是很神圣的

如果在与人的关系中有什么能够引起情感不成熟的人的兴趣的话，那么一定是人人都扮演好各自的角色了。人人扮演好各自的角色能够简化生活，并使决定更加明确。作为父母，他们希望自己的孩子尽好自己的本分，包括尊重和服从他们。他们常常用一些陈词滥调来保持他们作为家长的权威，这些陈词滥调如同明确的角色定义一样，可以使得问题得到简化，并且更加容易处理。

角色权利

角色权利是指因你所扮演的社会角色而应受到的特别对待。当父母仅仅因为他们扮演着父母的角色，就感觉他们有权做任何自己想要做的事时，这便是角色权利的表现形式之一。他们的行为就像是在说，作为家长，他们可以不必尊重彼此的界限或者体贴他人。

马蒂的父母便是角色权利的一个典型例子。在马蒂的丈夫调任后，他们二人搬到了另外一个城市。不久，马蒂的父母也搬到了他们的附近。他们会在事先未通知马蒂夫妇的情况下就来拜访他们，甚至连门都不敲就走进她家。当马蒂建议他们事先打个电话时，她的父母很愤怒，声称他们作为父母，有权在任何时候去孩子家坐坐。

这里还有另一个例子：菲斯的母亲是一个房地产经纪人，但菲斯不得不拒绝她母亲的来访，因为她母亲坚持要把菲斯家的家具和配饰换掉。即使菲斯告诉母亲不要这么做，她仍然一意孤行，还抗议道，她是菲斯的母亲，而且是一个房地产经纪人，她有权这么做。

角色强制

当人们仅仅因为他们的个人意愿而坚持要求某人扮演特定的角色时，便会出现角色强制。作为父母，他们会想办法强迫自己的孩子按他们的意愿行事，比如不与他们的孩子说话，威胁说要抛弃孩子或让其他家庭成员联合起来反对孩子。角色强制往往会引起对方的羞愧和内疚，比如父母说自己的孩子是一个坏孩子，仅仅因为孩子想要的东西是他们不赞成的。

我的客户吉莉安说她的家人非常信奉宗教，她本人曾经遭受过恶劣的角色强制。吉莉安嫁给了一个很粗暴的男人，这个男人多次对她实施家暴。最终，她鼓起勇气离开了他，结果她母亲却坚持要求她回到丈夫身边。吉莉安渴望得到母亲的支持，于是她把自己受到的虐待告诉了母亲。但在她母亲的眼里，那并不重要；吉莉安现在已经是个已婚的女人了，离婚就是犯罪。

还有一个例子，当梅森告诉他的母亲，他可能是同性恋时，她说他不可能是个同性恋："因为你不是一匹斑马。"在她心里，儿子绝对是异性恋者，如果他不这样看待自己，就好像在说他是一个不同的物种一样。

孩子们被迫扮演这些父母要求的角色，使得他们人生中最为重要的决定被扼杀了。然而，情感不成熟的父母这样做却丝毫不会感到良心上的不安，因为他们不适应复杂的事物，他们喜欢简单的生活。在他们看来，不履行既定角色的义务意味着一个人一定有问题，他们需要做出改变了。

他们寻求的是纠葛而不是情感亲密

虽然情感的亲密和纠葛表面上看起来很相似，但两者互动的形式有很大不同。在情感亲密中，两个人都可以充分地表达自我，而且很享受深入地了解对方，彼此通过接纳对方来建立情感上的信任。在了解对方的过程中，他们会发现彼此间的差异，还可能会非常珍惜彼此的差异。在两个人对对方报以最大的兴趣和支持的时候，情感亲密也会促进双方的个人成长。

另一方面，在纠葛中，两个情感不成熟的人则通过一种激烈的依赖关系来寻求他们的同一性，并实现自我完成（Bowen，1978）。通过这种纠葛的关系，他们创造出确定性、可预测性和安全感，而这些都依赖于各自扮演好让对方舒适的角色。但如果其中一人越过了彼此关系的模糊边界，另一个人通常会感到非常焦虑，只有回到既定的角色中去，这种焦虑才能消除掉。

喜欢偏袒

纠葛有时会存在偏袒（Libby，2010）。也许当你看到父母偏袒你的某个兄弟姐妹时，这让你很难接受，让你想明白为什么父母从来没有对你表现出这种兴趣。但过于明显的偏袒并不是关系亲近的标志；这是纠葛的标志。这很可能是因为受偏袒的那个兄弟姐妹和你的父母心理成熟度相近（Bowen，1978）。情感不成熟使得人们陷入相互纠缠的关系，当他们是亲子时，这种情况更容易发生。

请记住，情感不成熟的父母与人友好相处是基于各自的角色，而非个性。如果你有独立的、自我依赖的个性，你的父母会觉得你是个没有需求的孩子，像个小大人，他们也就不用为你扮演父母的角色了。并非是因为你的不足导致了父母对你的兄弟姐妹的偏心，可能是因为你没有表现出足够的依赖性来触动父母的纠缠本能。

有趣的是，自给自足的孩子因为没有陷入与他们父母的纠缠中，常常得不到关注，反而使他们变得更加独立自主。因此，他们自我发展的水平可以超过他们的父母。这样，没有得到这些父母的关注，从长期来看其实是有益的。但同时，过于独立的孩子仍然会因为被忽视而痛苦。

纠葛可能以依赖或者理想化的形式存在。在前一种形式中，孩子适应能力不够，依赖性很强，父母扮演着救助者或者受害者的角色。在后一种纠葛中，父母偏爱其中一个孩子，好像这个孩子比其他孩子更加重要、更值得付出。然而，这使得那个被偏爱的孩子掉入到一个角色的陷阱，使得他无法体会到任何真正的情感亲密。

希瑟的故事

希瑟一直渴望母亲的关注和重视，但从未如愿，而她的大姐姐马洛却明显受到了偏爱。最近希瑟去拜访母亲，当她母亲热情地告诉希瑟，她和马洛是如何滔滔不绝地交谈时，希瑟感到很受伤。

"关于什么？"希瑟问。

"哦，就是她在做什么，她想做什么之类的。"

希瑟的心都碎了，因为她一直渴望与母亲这样交谈，却从来没有实现过。

还有一次，在一个节日聚会上，希瑟心情沮丧地看着母亲带着崇敬的神态在马洛旁边忙碌着，还自愿坐在一把不舒服的椅子上，把一个很好的座位留给了马洛。

马克的故事

马克的父亲唐显然更偏爱马克的弟弟布拉特，父亲在经济上慷慨地资助布拉特，还称布拉特为他的宝贝。当马克的父亲死了，在葬礼上，马克的叔叔回忆起从前马克的父亲对待马克非常严厉，而且常常毫无理由地严惩马克。"你是最好的一个，"他的叔叔告诉他，"我不明白他为什么对你这么严厉。"马克是一个独立而又聪明的孩子，他从不依赖父亲。也正因如此，父亲更加偏爱较不成熟的布拉特。

寻找家庭成员的替代者

情感不成熟的父母会按照自己的需要与那些并非亲人的人建立纠葛关系。如果家里没有人与他们建立这种关系，他们会走出当前的家庭去寻找合适的人或者组织，比如教堂或其他组织。

比尔的故事

在比尔长大并离开原来的家后，他的父母开始把他们通过教会外展计划结识的那些无家可归的人带回家里。在任何聚会中，比尔的父母都会与他人分享他们帮助过的人的最新动向。尽管比尔的父母非常乐于谈论他们最近帮助过的人，但他们很少提到关于比尔的事。

他们有着反复无常的时间观

虽然这一点很细微，很容易被忽视，但情感不成熟的人往往有一种分散的时间观，在他们情绪激动的时候更是如此。我们可以假设所有的成年人都以同样的方式经历时间，从遥远的过去无缝、连续地延伸到可预见的未来。但情感不成熟的人不是如此。

当他们情绪激动时，那段时间便成了永恒。这就是他们的生活经常被问题困扰的一个原因：他们看不到问题的到来。受当时的欲望支配，使得他们对时间的体验经常是不连贯的。情绪冲动时，他们完全不会参照过去的经验，也不会考虑后果。这也解释了他们在处理关系问题时的反复无常和草率。

为什么糟糕的时间观看起来像是情感操纵

　　情感不成熟的人看起来像是情感的操纵者，但实际上他们是投机取巧之人，他们只是想得到自己觉得最好的一切。他们反复无常，所以他们会说任何对自身有利的话。也许他们能够在工作中或追求其他事物的时候运用战略思维，但在涉及情感的情况下，他们只在乎一时的利益。说谎便是一个追求暂时利益的完美例子，虽然让人感觉很好，但从长远来讲，这会对彼此关系造成毁灭性的影响。

缺乏连续时间观是如何引起一个人的反复无常的

　　当不成熟的人备感压力或情绪激动时，他们不会觉得自己身处时间的洪流中。他们经历的那些时刻是相互孤立的，几乎没有什么联系。当他们的意识不断转换时，他们的行为也变得反复无常。这就是为什么当你提醒他们过去的行为时，他们常常会生气的一个原因。对他们来说，过去已经过去，与现在无关。同样，如果你对未来的事情很谨慎，他们很可能会不理睬你，因为未来还没到来。

　　另一方面，一个情感比较成熟的人对时间的体验以及自我意识是连续的。如果他们对自己所做的事感到后悔，那么这件事会引起他们的羞愧或内疚，并一直伴随着他们。如果他们想在未来做一些冒险的事，他们能够感受到自己与将来可能发生的事情之间的联系，并可能会做出一些适当的调整。他们生活中的各个瞬间是相互联系、相互影响的，并影响着他们与他人的关系。

不成熟的时间观是如何限制一个人的自我反思能力和可靠性的

　　自我反思是指随着时间的推移，你不断分析自己的思想、感情和行为的能力。那些注意力主要集中在当下的人，没有足够的时间来进行自我反思。随着每一个新时刻的来临，他们都会抛却自己的过往，这种做法也让他们觉得无须为自己的行为承担任何责任。因此，当有人因他们过去做的事情而受伤的时候，他们往往会指责那个人莫名其妙。他们不明白为什么别人不能原谅他们并忘记一切，继续前进。因为他们的时间观念是不连续的，所以他们无法理解被人背叛是需要时间来治愈创伤的。

　　你可以看到，对这些人来说负责任有多难；对于那些觉得他们的行为和后果之间没有联系的人来说，责任感毫无价值。结果是：

他们习惯承诺，但做不到，然后用道歉敷衍，如果别人不断提起，他们就会憎恨那个人。你可能会好奇为什么一个人会有这样一种不可靠的时间观，无视自己的反复无常，不注意自己的行为。这些与他们自我发展不足、人格缺失以及倾向于简单的思考有关。因为个性中不具备连续的自我意识，使得情绪或压力让他们的心智像孩子一样，这也使得他们所经历的各个瞬间相互孤立，毫无关联。

总结 ○ ○ ○ ○

　　情感不成熟的人对自己的过去缺乏认知，并拒绝为过去的行为或未来的后果负责。由于缺乏坚定的自我意识，他们认为家庭亲密关系就是与人相互模仿、相互纠缠。因为他们缺乏同理心，而且过分强调角色义务，所以与他们进行真正的沟通几乎是不可能的。他们不重视修复与人的关系，并习惯推卸必要的情感责任，毫不在意别人的感受。相反，他们只专注于别人是否让他们舒服。对他们而言，消除内心的焦虑远比与其他人（包括他们的孩子）建立深厚的感情重要。

　　在下一章中，我们将看到一些关于早期的母子依恋的研究，并通过这些研究来看看上述这些情感不成熟的特征是如何产生的。然后我将讨论这些特征与情感不成熟的父母的关系，以及这些父母的四种主要分类。

第4章

四类情感不成熟的父母

○ ○ ○ ○ ○ ○ ○

　　有四类情感不成熟的父母，虽然他们每一类对
情感不敏感的表现方式不一样，但都会让孩子没有
安全感。

　　有四类情感不成熟的父母，他们都会让孩子很孤独、缺乏安全感。就好像他们只有一种方式来爱孩子，却有很多种方式让孩子失望。在这一章中，我们将看到四类情感不成熟的父母，每一类都有一种特别的不成熟的气质。虽然他们每一类对情感不敏感的表现方式不一样，但都会让孩子没有安全感。

　　尽管风格各异，但这四种类型的父母都有些情感不成熟。他们都有些以自我为中心，不值得依靠。而且他们都具有以自我为中心、对他人情绪不敏感、缺乏接纳真正的情感亲密的能力等共同特点。他们都采用非自适应的应对机制，扭曲现实而不是直面它（Vaillant，2000）。而且他们都会利用孩子来改善自己的心情，这也常常导致亲子间的角色反转：孩子开始处理成年人的问题。

　　此外，这四种类型的父母都无法对别人的感情产生共鸣。他们对于彼此的边界问题态度趋向两极，要么越界、要么干脆与对方毫无干系。大多数人都无法容忍挫折，他们会使用情感的策略或威胁而非口头沟通来得到自己想要的。这四种类型的父母都不把自己的孩子视为独立的个体，而是严格按照自己的需要去塑造孩子。无论和哪一类父母相处，孩子最终都会忘记最真实的自己（Bowen，1978），因为他们的需求和兴趣丝毫不如那些对父母有益的东西重要。在去了解这四类情感不成熟的父母之前，让我们先来看看以前的研究，这项研究是关于不同类型的育儿方式对婴儿依恋行为质量的影响的。

不同类型的育儿方式是如何影响婴儿依恋的

玛丽·爱因斯沃斯、西尔维亚·贝尔和多内尔达·斯达顿在1971～1974年进行了著名的婴儿依恋的研究，他们的成果在之后的几十年中被多次引用。他们的研究涉及观察和确定与婴儿的依恋行为有关的母亲的特点。他们在1974发表的文章中总结道，他们从四个方面就母亲对她们的婴儿的行为进行了研究：敏感－不敏感，拒绝－接受，合作－干扰，在意－忽视。他们发现母亲的"敏感度"是"一个关键变量，从这个意义上来说，对婴儿情绪变化敏感度高的母亲毫无例外地在接受、合作以及在意孩子这三方面也有不错的表现，而那些在这三项中任意一项表现不好的母亲，对孩子情绪的敏感度也较低"（1974，107）。爱因斯沃斯和她的同事总结道，在实验中，那些对孩子情绪更敏感的母亲养育的婴儿表现出了更加稳定的依恋行为。

研究人员这样描述了这些婴儿稳定的依恋行为："总之，高度敏感的母亲通常都能与婴儿相处融洽，她们甚至能察觉来自婴儿的更加微妙的信号、愿望和情绪；此外，这些母亲能够准确地理解婴儿的想法并对婴儿表示同理心。敏感的母亲带着这种理解和同理心，可以很好地把握与婴儿相处的方式，她的做法看起来也总是那么恰到好处"（1974，131）。

然而，那些表现出不稳定依恋行为的婴儿，他们母亲的行为则是非常不同的。回想本书的第2章和第3章，再看看以下玛丽·爱因斯沃斯和她的同事对不敏感的母亲的描述，是否让你想起了我所说的情感不成熟的父母的特点：

　　相反，对婴儿情绪不敏感的母亲无法理解婴儿的大部分行为，要么是因为他们忽略了那个婴儿，要么是因为他们没有察觉到婴儿在自己的行为中传达的更加微妙和难以发觉的信息。此外，不敏感的母亲往往不明白其婴儿的行为，要么她们意识到了但不理解，要么她们曲解了婴儿的行为。一个母亲多少能准确地觉察到婴儿的活动和情绪，但可能无法理解他。因为缺乏同理心，不敏感的母亲要么在做法方面，要么在及时性方面无法对婴儿发出的信息做出合适的回应（Ainsworth，Bell，and Stayton 1974，131）。

这些研究结果都支持下面这一观点，母亲的敏感性和同理心对母子关系中婴儿依恋行为的质量有着很大的影响。

四类情感不成熟的父母

请记住之前的那项研究，现在让我们来看看我所说的四类情感不成熟的父母，他们非常可能让自己的孩子缺乏安全感。虽然每种类型都以不同的方式破坏了孩子的情感安全，但他们难以对孩子产生同理心并为孩子提供可靠的情感支持，以及缺乏敏感性的特征却是相同的。此外，我们还要意识到，这些父母不成熟的程度是不一样。在严重的情况下，父母可能有精神疾病，或者有身体虐待或性虐待的倾向。

○ **情绪型父母**通常受他们的感情支配，他们总是在过分纠缠和突然退出之间摇摆不定。他们有着可怕的不稳定性和不可预测性。一旦他们被焦虑困扰，就要依靠别人来安抚他们。他们对待一些小麻烦事就像对待世界末日一样，把其他人当作他们的救世主或者抛弃者。

○ **驱动型父母**极具目标性而且非常忙碌。他们力求把所有的一切包括其他人变得完美。虽然他们很少对孩子表示真正的同理心，但对于孩子的生活，他们会试图控制一切。

○ **消极型父母**有一种放任的心态，他们会避免处理任何让自己心烦的事情。他们明显比其他类型的父母危害要小一些，但也有自己的负面影响。他们很容易把教导孩子的权利交给占主导地位的伴侣，甚至对孩子受到的虐待和忽视视而不见。他们对待问题的态度就是大事化小，小事化了。

○ **拒绝型父母**的所作所为会让你想知道为什么他们最初能够建立一个家庭。不管他们的行为是温和的还是严厉的，他们都不喜欢情感亲密，而且也不想被孩子们打扰。他们对别人需求的容忍度几乎是零，他们与人互动时无非是发出命令、发怒或把自己孤立于家庭生活之外。这类人中一些较温和可能会加入到一些千篇一律的家庭活动中，但他们仍然很少与人亲密或真正参与进去。他们大多想独自做自己的事。

当你读到下面的描述时，请记住，一些父母是混合型的。虽然大多数的父母往往会陷入某一类型，但在一定的压力下，他们可能会做出其他类型父母所特有的行为。在下面的描述中，你会看到一个共同点：没有一种类型的父母能够始终如一地让一个孩子对亲子关系产生安全感。然而，每种类型都有自己独特的不足之处。此外，请注意，我的目的是简单介绍一下这四种类型。我将在后面的章节中讨论与不成熟的父母相处的最好方法。

情绪型父母

情绪型父母是四种类型中最为幼稚的一种。他们给人的印象是，他们需要被人细心照顾。他们很容易感到不安，然后家里的每个人都忙着安慰他们。当情绪型父母崩溃时，他们还会带着自己的孩子一起体会那种崩溃的状态：绝望、愤怒或憎恨。这也难怪，家里的每个人都觉得如履薄冰。这些父母的情绪不稳定是最容易预料到的。

可以坦白地说，在极端的情况下，他们可能有精神性疾病。他们可能是精神病患者、躁郁症患者、自恋症患者或有边缘性人格障碍。有时，激烈的情绪甚至可能让他们产生自杀倾向或对他人产生暴力倾向。周围的人感到很紧张，是因为他们的情绪变化很快。自杀的威胁对孩子而言是很可怕的一件事，这会让孩子感到沉重的负担，孩子们想让他们的父母活着，但不知道该做什么。而对于情绪较温和的父母，情绪不稳定是他们最大的问题，他们可能有表演型人格障碍或躁郁症。

无论情况严重与否，所有这类的父母都难以忍受压力和情绪刺激。对于一般成熟的成年人可以处理的情况，他们却可能发生情感和行为失衡。当然，滥用药物可能使他们更不平衡，无法忍受挫折或痛苦。

无论这些父母的自控能力如何，他们都会受情感操控，以非常绝对化的目光看待世界，非常计较、记恨他人，试图用情感计谋来控制他人。他们波动的情绪和反应让人觉得很不可靠而且很吓人。虽然他们通常把自己视为受害者，表现得很无助，但家庭生活总是以他们的情绪为中心。他们常常独立于家庭之外，按自己的想法行事，而在家庭关系中，他们常常非常冲动，尤其是在喝醉的时候。他们毫无顾忌的行为着实让人震惊。

许多这类父母的孩子学会了服从别人的意愿。因为他们长大后，能够预料父母激烈的情绪状况，他们可能会过于关注别人的感受和情绪，结果却常常给自己带来伤害。

布里塔妮的故事

尽管布里塔妮已经 40 多岁并且过着独立的生活，但是她的母亲珊达依然试图用自己的情绪控制布里塔妮。曾有一次，布里塔妮卧病在床好几天，珊达焦虑到一天给她打了五次电话。尽管布里塔妮要她别来，她还是来到布里塔妮的家，因为她认为布里塔妮该下床了。最后，为了防止母亲进来，布里塔妮不得不把纱门锁上。后来，珊达告诉她："当你把我锁在门外时，我很生气，我真想破门进来！"对于自己被拒之门外，珊达似乎觉得很受伤，她借口说："我只是想知道你是否好些了。"但事实是，她最关心的是自己的感情，而不是布里塔妮需要什么。

驱动型父母

驱动型的父母是四类父母中看起来最正常的，他们格外愿意为自己的孩子投资。他们总是尽心尽责地把事情做好。情绪型父母的不成熟非常明显，而驱动型父母非常关注自己孩子的成功，他们的自我中心主义是很难察觉的。大多数时候，你不会觉察到他们身上不健康的特点。然而，他们的孩子却可能缺乏主动性和自我控制能力。这让人觉得很矛盾，勤奋的父母最终培养出了失去动力甚至有些抑郁的孩子。

如果看得更深一点，你就可以发现这些正直而又有责任感的人身上的不成熟。这种不成熟体现在他们对其他人做出的假设上，他们期望每个人做与他们一样的事情。这种过度的自我集中表现为他们了解什么是对他人"有好处"的。

他们不会有意识地怀疑自我，更愿意假装一切都已得到解决，假装他们已经有了答案，而不是接受孩子独特的兴趣和生活道路。他们会选择性地去赞美和促进自己乐于看到的孩子的做法。他们频繁地干扰孩子的生活是出了名的。此外，想要尽可能多地完成任务，使他们看起来就像一台不停运转的电机。他们觉得实现目标比其他人（包括他们的孩子）的感受更重要。

驱动型父母通常是在一个情感被剥夺的环境中长大的。于是他们学会了靠自己的努力，而不期望有人会愿意培养他们。他们往往有高度的自制力，他们为自己的独立而自豪。他们担心孩子不成功，这会让他们很尴尬，但他们又不会无条件地满足孩子的请求来帮助孩子们实现他们的目标。

无论他们是否有意这样做，驱动型父母让孩子觉得自己时刻都在接受父母的考量。这里有一个例子，一位父亲让孩子们在他面前练习钢琴，这样他就可以指出他们的错误。然而这种过度的监管往往会让孩子厌倦寻求成年人的帮助。结果，在成年后，他们可能会拒绝与自己潜在的人生导师交流。

驱动型父母一定知道做事情的最佳方式，但他们有时会做一些稀奇古怪的事情。一位母亲坚持要去她女儿家为她支付账单，因为她觉得自己的女儿付账时一定会出错。另一位母亲在她的成年儿子没提出请求的情况下给他买了一辆二手车，他说不想要，这位母亲顿时感到很受伤。一个年轻人长胖了些，他的父亲便会每天让这位年轻人在自己面前称体重。

如果你回想一下本章开头所描述的婴儿依恋的研究，就会发现驱动型父母似乎和依恋行为不稳定的婴儿的母亲有着相似的情绪不敏感的特征。他们无法及时地和孩子进行交流，也无法满足孩子的需求，相反，他们会逼迫孩子去做他们认为孩子应该做的事情。因此，驱动型父母的孩子总是觉得他们应该做更多的事情，或放下手头的事去做其他事。

约翰的故事

虽然约翰已经 21 岁了，但大部分时间他仍然和父母生活在一起，对自己的生活几乎没有控制权。谈到和他母亲生活在一起的感受，他说："她时时刻刻都在'监视'我。"他为父母对他寄予的希望倍感压力，他担心会彻底对自己的未来失去主见。

正如他所说的："我很担心他们对我的期望，我不知道我想要什么。我在试图让父母快乐，并且让他们别再管我的事。"在他们一家人度假时，如果约翰玩得不够高兴，他的父亲会很生气。

父母过于干涉他的生活，让约翰害怕设定目标，因为这会让他们变得更加急于知道他接下来要做什么。他们总是敦促他多做一点儿或更努力一点儿，结果却扼杀了他的主动精神。在他们的意识里，他们想把最好的给约翰，但到了尊重和培养他的自主性的时候，他们的实际行为却很难让人满意。

克里斯汀的故事

克里斯汀是一名律师，但她有一个很专横的父亲约瑟夫，他对克里斯汀要求很严格，并一直敦促她去追求成功。很早之前，我们谈过一次，在谈话中她这样描述了自己的童年："父亲控制了我。他完全不能忍受任何人有不同的意见。我害怕做出错误的选择，所以我做了很多因为害怕父亲而不得不做的决定。好像我的父亲完全拥有我一样。即使在上大学的时候，他依然规定我必须在 11 点前回到家里,这太让人尴尬了,但我不会想去挑战他。"

约瑟夫甚至试图控制克里斯汀的想法。如果克里斯汀有一个她父亲不喜欢的想法,他会立即回应道:"想都别去想!"

约瑟夫也缺乏同理心,这让他成为一个让人害怕的老师。他不知道一个孩子可能会对一些事情感到害怕,他试图教她游泳,但实际上他并没有教什么,仅仅是把她扔进一个游泳池里,完全不顾孩子的感受。正如克里斯汀所说的那样:"他会命令我好好做,但没有提供任何指导或帮助。我只是被他要求成功而已。"从表面来看,克里斯汀的确成功了,但在内心里,她有着强烈的不安感,她真的不知道自己在做什么。

消极型父母

消极型父母并不像其他三种类型的父母那样容易生气或要求严格,但他们对孩子仍有负面影响。他们会默许个性更强烈但情感也不成熟的伴侣的行为,考虑到成熟度接近的人彼此会相互吸引,他们这样的做法倒还讲得通。

与其他类型的父母相比,这种类型的家长在一定程度上情感更易于接近。当事情发展得很激烈的时候,他们会变得很消极并试图逃避责任。他们不给孩子任何真正的限制或指导来帮助他们。他们也许爱你，但他们无法帮助你。

消极型父母和其他类型的父母一样不成熟，有些以自我为中心，但他们的随和以及爱玩让他们比其他三种类型（情感型、驱动型或拒绝型）更加可爱。他们往往是最受喜爱的父母，他们可以对孩子表示出一定的同理心，只要这样做不会妨碍他们的需求。因为消极型父母可能和其他类型的父母一样以自我为中心，所以他们可能会利用孩子来满足自己的情感需求，尤其是想成为某人关注的焦点。他们喜欢孩子的天真与开放，并且可以变得和孩子一样天真。孩子享受与这种父母待在一起的时光，但因为孩子成了父母所需要的那种欣赏他们而又贴心的伴侣，这在一定程度上可以说是一种情感乱伦。这种关系是完全不适合孩子的，因为它可能会让父母中的另一位产生嫉妒心理，甚至有不合适的性意识。

孩子很清楚地知道不要期望或要求这些父母的帮助。虽然消极型父母常常很喜欢和孩子玩耍，并让孩子感到自己很特别，但是孩子能感觉到他们的父母并没有真正地守护他们。事实上，这些父母常常对那些有害于孩子的行为视而不见，甚至还可能离开他们的孩子，让孩子自己照顾自己。如果母亲是消极型的，那么她可能会和一个常贬低或虐待孩子的男人结婚，因为她没有独立的收入。这样的母亲对周围发生的事很麻木。例如，一位母亲在提到她的丈夫对孩子施暴的时候有些轻描淡写，她说："孩子爸爸有时也有难处。"

在自己的成长过程中，消极型父母会避免冲突，保持低调并服从于比自己性格更加强硬的人。作为一个成年人，他们不会想到自己不仅有义务陪伴孩子并和孩子一起玩乐，还应该尽力保护孩子。相反，他们在情况最糟的时候会进入一种恍惚的状态，用消极的方式逃避一切。

当事情变糟的时候，这些父母除了不假思索地抛弃自己的孩子外，还可能离开原有的家庭，只要这么做能让他们比原来更快乐。如果消极型父母与孩子们建立了深厚的情感联系，在他们离开家庭的时候，孩子会感到非常受伤，因为对他们来说，最重要的那位家长竟然抛弃了他们。

喜欢消极型父母的孩子成年后可能会为别人的抛弃行为找借口。作为孩子，他们认为消极型父母对孩子的处境是真的无能为力。好父母有责任在孩子们没能力保护自己的时候守护在他们身边，这些孩子却对这种再正常不过的看法感到非常吃惊。这些孩子从来没有想过父母有责任把孩子的幸福放在一个至少和父母自身利益同样重要的位置上。

莫莉的故事

莫莉的母亲是个脾气暴躁、有虐待倾向的女人，她经常要工作很长时间，以至于她回家后心情通常很糟糕。她的父亲是一个深情而又温和的人，他的情绪通常都很好。不上班的时候他喜欢在车库忙活，所以莫莉一般由她那个有虐待倾向的姐姐照料，而父亲显然没有考虑到莫莉的处境。

父亲是莫莉的避风港。他的善良是她生命中唯一的亮点和爱的源泉，她既崇拜他，又能感受到他的保护。但她从来没有期望父亲保护她。例如，当母亲勃然大怒，在书房里打莫莉的时候，她听到她父亲在厨房里敲打锅碗。她觉得这是父亲声援她的方式。她没有去想他本应该介入并阻止母亲对她的虐待。情感被剥夺的孩子不管怎样都试图乐观地看待自己喜欢的那位父母的行为，这便是一个典型例子。

莫莉有轻微的口吃，有一次他们去游乐园玩，莫莉的姐姐和她的朋友们总是取笑莫莉，莫莉开始变得有些歇斯底里。而莫莉的父亲没有警告年长的孩子照顾莫莉的感受，自己也笑了。在开车回家的路上，他们轮流模仿莫莉的口吃，笑得合不拢嘴。

拒绝型父母

拒绝型父母似乎在他们身边围了一堵墙。他们不想和孩子待在一起，如果别人放任他们做自己想做的事情，他们会很开心。这让他们的孩子觉得即使自己不存在，父母依然会过得很好。这些父母愤怒的举止教会了孩子不要接近他们，有一个人讲道，当他跑向另一个人的时候，那个人却当着他的面猛地关上了门。他们会立刻拒绝与他人的亲密。如果必须做出回应的话，他们可能会变得愤怒，甚至是有虐待倾向。这些父母都会惩罚性地对人施暴。

拒绝型父母也是四种类型中最不具备同理心的。他们经常以回避眼神的接触来表示对亲密情感的厌恶，他们有时也会使用漠然的表情或敌意的凝视使人远离自己。

这些父母统治着他们的家，他们的家庭生活以他们的想法为中心。这里有一个众所周知的关于这种类型的父母的例子：父亲非常冷淡、可怕，孩子丝毫感受不到他的温暖。一切都以他为中心，家人总是竭尽全力不让他难过。如果有一个拒绝型父亲，你很容易觉得自己没有存在的必要。另外，母亲也可能是这种类型的。

拒绝型父母的孩子习惯把自己当成对父母的困扰和刺激，这使他们常常轻言放弃，更具安全感的孩子则倾向于通过请求或抱怨来获得他们想要的东西。但这可能在他们未来的生活中造成严重的后果：这些被拒绝的孩子成年后，很难开口求人。

贝斯的故事

贝斯的母亲罗萨从来没有表现出想与贝斯共度时光的兴趣。

当贝斯来拜访她时，她拒绝与贝斯拥抱，并立即批评了贝斯外表的不足。常常贝斯一走进门口，罗萨就敦促她尽快给一个亲戚打电话，好像想让她去别的地方。如果贝斯想和母亲在一起待一会儿，罗萨便会被激怒，然后告诉贝斯，她太依赖母亲了。当贝斯打电话给母亲时，她说的话都很短，因为罗萨会很快找一个借口离开，罗萨通常的做法是把电话交给贝斯的父亲。

练习

确定你父母的类型

要评估这四种类型的哪一种可能与你的父母相符，请阅读以下文字，并在与你的父母相符的描述前打钩。请记住，所有类型的父母在感到压力的时候都会有和情绪型父母相似的特征，这是很正常的。所有类型的情感不成熟的父母的共同特点包括以自我为中心、缺乏同理心、忽视彼此的情感边界、拒绝情感亲密、不善交际、缺乏自我反思、拒绝修复关系中的问题、情绪性反应、冲动、不善于维持情感亲密。

情绪型父母

_____ 专注于自己的需求。

_____ 缺乏同理心。

_____ 容易陷入纠葛，不尊重彼此的边界。

_____ 对亲密有防御心理。

_____ 不懂互动，只知道谈论自己。

_____ 不懂自我反省。

_____ 不懂修复关系。

_____ 消极被动，不关心他人。

_____ 与人的关系要么太近、要么太远。

_____ 容易发脾气，谈话的时候喜欢打断别人。

_____ 情绪激烈，让人害怕。

_____ 期望孩子来安抚自己，却不考虑孩子的需求。

_____ 喜欢假装自己没有操纵一切。

_____ 把自己当受害者。

驱动型父母

_____ 专注于自己的需求。

_____ 缺乏同理心。

_____ 容易陷入纠葛，不尊重彼此的边界。

_____ 对与人亲密有防御心理。

_____ 不懂互动，只知道谈论自己。

_____ 不懂自我反省。

_____ 不懂修复关系。

_____ 消极被动，不关心他人。

_____ 与人的关系要么太近、要么太远。

_____ 有固执的价值观念，追求完美主义。

_____ 一心要实现目标，非常忙碌，近乎偏执。

_____ 把孩子当作一个项目，而不考虑孩子想要什么。

_____ 喜欢操纵一切。

_____ 认为自己擅长解决问题。

消极型父母

_____ 专注于自己的需求。

_____ 缺乏同理心。

_____ 容易陷入纠葛，不尊重彼此的边界。

_____ 偶尔会与人保持亲密。

_____ 在互动中参与得很少，主要谈论自己。

_____ 不懂自我反省。

_____ 不懂修复关系。

_____ 有时会很体贴。

_____ 与人的关系要么太近、要么太远。

_____ 很善良、很有趣，但不会保护他人。

_____ 有着放任的态度，觉得一切都好。

_____ 对孩子感情很深厚，但不会维护这个孩子。

_____ 希望别人去操纵一切或做坏人。

_____ 觉得自己很温和，性格很好。

拒绝型父母

_____ 专注于自己的需求。

_____ 没有同理心。

_____ 与人之间保持着不可跨越的界限。

_____ 似乎难以沟通，对人怀有敌意。

_____ 很少与人交流。

_____ 不懂自我反省。

_____ 不懂修复关系。

_____ 消极被动，有攻击倾向。

_____ 与人关系太疏远。

_____ 忽视自己的孩子，有时可能会对孩子暴怒。

_____ 常常拒绝与他人的亲密并且很容易生气。

_____ 觉得自己的孩子很烦，不愿与孩子接近。

_____ 喜欢嘲笑和忽视他人。

_____ 觉得自己独立于他人。

总结 ○ ○ ○ ○

这四种类型的父母都很以自我为中心，对他人的情绪不敏感。因此，他们的孩子在情感上无依无靠。这些父母缺乏同理心，这使他们难以沟通。他们都害怕真正的情感，他们会试图操控别人来安慰自己。他们都会让孩子觉得自己被忽视了。一切都在以他们自己的方式进行着，最终所有的一切都以他们为中心。此外，这些父母都无法与人实现互惠互利。

虽然一般有四种类型的情感不成熟的父母，但他们的孩子往往只有两种主要的类型：自我掌控者（internalizer）和外物掌控者（externalizer）。在下一章中，我们将看到这两类孩子对父母采取的截然不同的应对方式。

第5章

不同孩子对情感不成熟的父母的
养育会如何表现

° ° ° ° ° ° °

孩子对待情感不成熟的父母反应方式不同，但他们潜意识里都会形成治愈型幻想。也会采取扮演角色型自我的方式来在家庭中获得一席之地。

当不成熟的父母在情感上无法给他们的孩子足够的注意力或爱时,他们的孩子通常会幻想他们未被满足的情感需求将在未来得到满足,以此来应对父母的忽视。他们还会扮演我称之为角色型自我的特殊家庭角色,孩子们这么做是为了从以自我为中心的父母那里得到一些关注。在这一章中,我们先来看看治愈型幻想和角色型自我,并讨论一下孩子们用以处理情感忽视的两种非常不同的应对方式:内化或外化。

不幸的是,无论哪种应对方式都无法让一个孩子充分发挥他的全部潜力。因为父母的以自我为中心,可能使这些孩子觉得真实的自我不足以吸引他们父母的注意力。因此,他们开始相信,唯一能让自己被注意到的方法就是摆脱真实的自我。

可悲的是,真正的自我是由孩子与生俱来的能力和真正的感情构成的,但为了在家里有一席之地,孩子们不得不把真正的自我放在一边。虽然真正的自我仍然存在于内心深处,但它通常会被"父母的需要第一"的家庭规则所压制。在第7章中我们将看到,当令人们意识到他们的真实感情和全部潜能的真实自我觉醒时,会发生什么。但现在,让我们先看看治愈型幻想和家庭角色是如何影响人们的童年生活和成年生活的。

治愈型幻想的起源

不成熟的父母强迫孩子适应父母情感的局限性。孩子会采取很多方式来回应情感不成熟的父母，因为他们想让父母关注、照顾他们，与他们有更多的交流。但所有情感被剥夺的孩子都有一个共同点，他们都幻想着自己将来会得到自己想要的一切。

作为孩子，我们通过拼凑一个解释我们生活的故事来理解这个世界。我们会想象使我们感到舒服的一切，然后创造我所说的**治愈型幻想**，即一个关于什么会使我们真正感到快乐的充满希望的故事。

孩子们常常认为，要治愈童年的痛苦和情感孤独，关键在于想方设法摆脱真实的自我。治愈型幻想都有这个相同主题。因此，每个人的治愈型幻想都以"要是……就好了"开始。例如，人们可能认为，要是他们很无私或很有吸引力的话就好了，他们就会被人爱，或者要是他们可以找到一个敏感的、无私的伴侣就好了。他们还可能认为如果他们变得非常著名、非常富有或让其他人害怕他们，他们就能被治愈了。不幸的是，治愈型幻想是孩子自己想出的解决方案，所以它往往不适合成人的现实。

但无论什么样的治愈型幻想，都会让一个孩子乐观地面对痛苦的成长经历，因为孩子希望能有一个更好的未来。许多人以这种方式度过了悲惨的童年。他们幻想有一天自己会被人爱、被人关心，这种幻想激励着他们前进。

治愈型幻想是如何影响成年人的关系的

　　成年后，我们在心底期待着最亲密的关系来使我们的治愈型幻想成真。我们对他人的潜意识的期望，其实就是源自那个童年的幻想世界。我们相信，只要坚持下去，我们最终可以让人们改变。我们可能会认为，我们的情感孤独最终会被一个总是考虑我们的需求的伴侣或是从来没有让我们失望的朋友治愈。通常，这些无意识的幻想是相当自我挫败的。例如，一个女人相信，要是她能让沮丧的父亲高兴就好了，那样的话她就可以随心地做她想做的事了。她没有意识到，即使她的父亲一直很痛苦，她也可以自由地生活。

　　另一个女人确信，如果她做了丈夫想要的一切，她就能得到自己渴望的那种爱。当丈夫仍然没有注意到她的需求时，她对他很生气。即使她已尽了全力，但她的治愈型幻想仍未成真，她的愤怒掩盖了内心的焦虑。从童年起，她就一直相信，成为一个"好"人可以让她值得别人爱。

　　我们通常不知道，其实我们正试图把一种幻想强加给别人，然而在爱情测试里，我们可以发现这一现象。一个局外人更容易看到幻想是多么不现实。婚姻治疗法通常需要人们把自己强加在伴侣身上的治愈型幻想暴露出来，才可能奏效。

渐渐成为角色型自我

如果你的父母或照顾者在你的童年时期没有在意你真实的一面，那么你大概会清楚该怎么做才能与他们建立情感联系，你会渐渐用**角色型自我**或虚假的自我来取代真实的自我（Bowen，1978），因为这样做可以让你在家里有一席之地。于是这个角色型自我逐渐取代了真实自我的声音。这个角色型自我可能有这样的信念，比如，**如果我做出牺牲，别人就会赞美我、爱我**。或者还可能消极地认为，**无论如何我都要让他们注意我**。

角色型自我的转变过程是无意识的，没有人故意去那么做。当我们看到其他人的回应时，会通过不断的尝试和错误进而转变成角色型自我。无论角色型自我看起来是积极地的还是消极的，作为孩子，我们会认为它是最适合自己的。成年以后，我们会继续扮演着自己的角色，希望有人关注我们，就如同我们期望父母关注我们一样。

你可能会好奇，为什么有些孩子的角色型自我是那么积极向上，而其他孩子却很痛苦，体验着失败、愤怒、精神障碍、情绪波动……有一种解释是，不是每个孩子都能在与他人的互动中把握好度。一些孩子的遗传基因和神经系统驱使他们做出冲动的反应，而不是采取建设性的行动。

消极的角色型自我出现的另一个原因是，情感不成熟的父母常常在潜意识中对不同的孩子展现出他们角色型自我和治愈型幻想的不同方面。例如，在一个家庭中，其中一个孩子可能是被父母理想化、宠溺惯了的完美孩子，另一个孩子在他们眼中却毫无优点，像个累赘。

父母如何影响角色型自我的发展

有一个关于父母强迫孩子转变成角色型自我的例子，关于一位缺乏安全感的母亲不断加深一个焦虑而且依赖性强的孩子的恐惧感，以期成为孩子生活的中心。（终于有人真的需要我了。）还有一个例子是，一个觉得自己很无能的父亲通过贬低自己的儿子来获得优越感。（我是一个有能力的人，我有必要纠正别人的错误。）或者父母双方对他们自己潜在的愤怒和自我中心都视而不见，相反，他们觉得自己的孩子才有这些特点。（我们是慈爱的父母，但我们的孩子很刻薄、很不敬。）极少数的父母会有意识地想要破坏他们孩子的未来，但焦虑会让他们在孩子身上看到自己不好的一面。这是一种超越了他们意识控制的强大的心理防御反应。

作为一个孩子，如果你发现一个角色很符合你父母的需求，就如同一把钥匙对应一把锁，你可能会很快与这个角色型自我融为一体。在你试图转变成你的家庭所需要的那种人的过程中，你会变得更加看不见真实的自我。背离真实的自我会破坏你成年后与人的亲密关系。如果始终沉浸在角色型自我当中，你将无法与人建立深厚而令人满意的关系。你必须尽可能多地展现出你真实的一面，别人才可以与你建立关系。否则，这一切只是两个角色型自我在演戏。

角色型自我的另一个问题是，它没有自己的能量来源。它必须从真实的自我中窃取生命力。扮演角色比做真实的自己更累，因为你需要付出巨大的努力去装成另一个人。正因如此，角色型自我常感到不安，害自己被人发现是个"骗子"。

从长远来看，一个人通常无法一直扮演角色型自我，因为它不能完全掩盖人的真实意愿。他们真正的需求迟早会显露出来。当人们决定停止扮演角色，做回真实的自我时，他们就可以更加轻松、更有活力地前进。

练 习

确定你的治愈型幻想和角色型自我

在这项测试中你需要两张纸。在第一张纸的顶部，标记为

"治愈型幻想"，第二张纸的顶部标记为 "角色型自我"。

　　这项测试的第一部分将有助于你探索和确定自己的治愈型幻想。在第一张纸顶部，抄写并完成以下句子。不要思考过多，写下你看到这些句子后立刻想到的一切。

　　我希望其他人能够更加＿＿＿＿＿＿＿＿＿＿＿＿＿。

　　为什么对别人来说＿＿＿＿＿＿＿＿＿＿＿＿这么难？

　　我希望有人能对待我如同＿＿＿＿＿＿＿＿＿＿＿。

　　也许有一天我会遇到一个＿＿＿＿＿＿＿＿＿的人。

　　和好人生活在理想的世界里，其他人会＿＿＿＿＿＿＿。

　　现在，我们会用类似的方法来帮助你发现自己的角色型自我。在第二张纸顶部，抄写并完成以下句子。不要思考过多，写下你看到这些句子后想到的第一件事。

　　我努力想成为＿＿＿＿＿＿＿＿＿＿＿＿＿＿＿。

　　人们喜欢我是因为＿＿＿＿＿＿＿＿＿＿＿＿＿。

　　其他人没有因为我很＿＿＿＿＿＿＿＿＿而欣赏我。

　　我总是不得不成为＿＿＿＿＿＿＿＿＿＿＿＿＿。

　　我曾尝试成为＿＿＿＿＿＿＿＿＿＿＿＿＿＿＿。

　　完成这些句子后，根据你的回答分别为你的治愈型幻想和角色型自我写一段简短的描述。这些描述将揭示你的秘密想法，如其他人应该如何做出改变来使你觉得自己受到了重视，以及你需要如何表现才能得到别人的爱。

　　最后，写一个简短的总结，讲讲试图让别人改变是怎样一种感觉，以及扮演你在这个练习中所描述的角色型自我感受如何。

你想保持这些幻想和角色，还是准备探索和表达真正的个性呢？如果你准备在生活中展示更为真实的自我，那么接下来，本书将帮助你实现这一目标。

两种和情感不成熟的父母相处的风格

治愈型幻想和角色型自我以及创造这一切的孩子都是独一无二的。但总的来说，情感不成熟的父母的孩子应对情感剥夺的方式有两种，要么内化他们的问题，要么外化问题。那些作为自我掌控者的孩子相信改变取决于他们自己，外物掌控者则期望别人来为他们解决问题。在某些情况下，一个孩子可能会同时具有这两种想法，但大多数的孩子在争取让自己的需求得到满足时，主要采取其中一种应对方式。

你采用哪种方式与其说是一种选择，不如说是由你的个性和体质决定的。归根到底，我们都是为了让自己的需求得到满足。随着人们不断地成长，他们可能会经历很多事情，让自我掌控或外物掌控的特点得到加强，这同时也是人的天性使然。然而，理想的状态是使这两种方式得到平衡：自我掌控者学会寻求他人的帮助，外物掌控者则试着学会掌控自己。

自我掌控者

　　自我掌控者通常精神很活跃，很爱学习。他们会通过自我反思以及从自己的错误中吸取经验来从内部解决问题。他们很敏感，常常试图理解事情的起因及影响。因为他们把生命当作提升自我的机会，所以他们很乐意去锻炼自己的各种能力。他们相信自己可以更加努力，来让事情变得更好，他们会本能地承担起独自解决问题的责任。他们焦虑的主要来源是当他们冒犯了别人，害怕被人说成骗子时产生的负罪感。他们与人的关系恶化的原因是他们过于自我牺牲，而后又因自己替别人做了那么多而感到怨恨不已。

外物掌控者

　　外物掌控者常常不经思考就采取行动。他们总是消极应对并且做事冲动。他们往往不会进行自我反思，常将责任归咎于其他人和环境，而不是归咎于自己的行为。他们把生活当作一个尝试和犯错的过程，但很少从错误中吸取经验，以期在未来做得更好。他们坚定地相信，外界需要适当地改变来让他们开心，他们还相信，要是其他人给他们想要的一切，他们的问题将得到解决。他们的应对方式常常是如此自我挫败和具有破坏性，使得其他人不得不想办法来修复他们的冲动行为所造成的伤害。

外物掌控者觉得有能力的人理应帮助自己，他们往往认为生活很不公平，因为好的东西总是被其他人得到。对于自我形象，他们要么缺乏自信，要么具有夸张的优越感。他们依赖于外部的安慰，这使他们容易受到药物滥用、不良关系等的影响。他们焦虑的主要来源是，他们可能会与那些给他们带来安全感的外部事物断开联系。他们与人的关系的最大问题包括容易被冲动的人所吸引，过于依赖别人的支持以及他人带来的安定感。

了解外物掌控者的世界观

我们很难知道哪一种应对方式更糟糕。自我掌控者肯定会遭受更多挫折，但他们习惯责备自己的做法使得别人愿意帮助他们。相反，外物掌控者的行为常常激怒他人，所以，当他们需要帮助时，其他人通常会避而远之。然而，外物掌控者通常会一直演下去，直到有人愿意帮助他们。自我掌控者则可能默默忍受，即使内心很沮丧，他们也不会表露出来。人们没有帮助自我掌控者，是因为人们以为他们不需要帮助。

本书可能最容易吸引自我掌控者，因为它的目的是帮助人们理解自己和他人，通常外物掌控者对此不会有什么兴趣。不过，理解外物掌控者的世界观对自我掌控者而言依然很重要，因为这样可以和外物掌控者更好地相处，尤其是因为大多数情感不成熟的父母都是外物掌控者，他们通常会选择回避现实，而不是直面它。他们把自己的问题归咎于外界，好像现实是错误的。你可能觉得这听起来像一个小孩子的行为，你的感觉没错。

外化会阻碍人们的心理发展，因此常导致情感不成熟。另一方面，内化则通过自我反思来促进心理发展。我将在第 6 章深入的讨论自我掌控者，本章的剩余部分我将主要讨论一下外化的各个方面。

外物掌控者会创造一个自我挫败的恶性循环

外化常常招致他人的惩罚和排斥。和举止得体的自我掌控者相反，外物掌控者常常表现出他们的焦虑、疼痛、抑郁。他们常做冲动的事情来逃避自己面临的问题。虽然这么做可能会帮助他们暂时舒服些，但也导致了更多的问题。

当外物掌控者不得不面对自己冲动的后果时，他们容易感受到强烈而短暂的耻辱感和失败感。然而，他们通常会想办法扼杀尚处在萌芽状态的耻辱感，而不是反思自己是否需要做出改变。这会使他们更加挫败，进而更加冲动行事，接着他们就进入了这样一种恶性循环。

结果是，外物掌控者常会突然感到自己没什么价值、很糟糕。为了避免完全的自我仇恨，他们通过责备别人和找借口来摆脱自己的耻辱。但这个策略并没有帮他们赢得多少别人的同情（跟他们同类的人除外），所以他们往往得不到自己所想要的情感上的支持。

外物掌控者在外界寻求解决方案

因为外物掌控者无法忍受压力，所以他们无法成长或者从错误中学习。他们觉得他们的问题需要由其他人来解决，他们期待别人来让他们舒服些，有时他们会因为没得到别人及时的帮助而愤恨，并以此给人暗示。你可以认为他们总是需要外部电源供电，而自我掌控者有自己的电池。当然，自我掌控者有时也需要充电，但他们很少把自己的问题交给别人处理。

因为外物掌控者早期任由外化这一应对方式的发展，从而导致了他们的情感不成熟。大多数情感不成熟的父母的应对方式都是外化的。因为外物掌控者总是依靠外在世界来取悦自己，所以他们没有培养出更好的自制力。他们易受情绪的控制，要么否认自身问题的严重性，要么责怪其他人。外物掌控者认为现实应该符合他们的愿望，而更成熟的人则会面对现实，适应它（Vaillant，2000）。

孩子的外化的应对方式加深了他们对父母的情感依赖与纠葛（Bowen，1978）。此外，情感不成熟的父母可能会放纵孩子这样的做法，因为这可以使他们从自己未解决的问题中解脱出来。父母在面对一个失控的孩子时，通常没有时间去思考自己过去的痛苦经历，相反，他们会承担起父母的角色来帮助一个弱小而又依赖他们的孩子，因为孩子不能没有他们。

尽管习惯外化的孩子通常有很多行为问题，容易冲动，情绪经常波动，甚至成瘾，尽管这些行为可能被他人误解为反抗或无谓的捣乱，但这也让他们的痛苦得到了别人的注意。自我掌控者则相反，他们不习惯表现出自己的痛苦。

外物掌控者的严重程度不一

外物掌控者的严重程度不一，其中最极端的情况是掠夺成性、反社会，他们会把别人当作可以利用的工具而不顾别人的权利或感情。较温和或较安静的外物掌控者看起来可能像自我掌控者，因为他们不会与人抗衡，但从他们认为别人应当改变的看法中依然可以确定他们的属性。不过，随着性格温和的外物掌控者渐渐长大，他们也能够学会自我反思。

这里有一个性格温和的外物掌控者的例子，他来接受治疗的原因是他常常情绪失控，冲着他的妻子和孩子大叫。他从小就受到严格的教育，如果犯了错误，他就会挨揍，受到羞辱，所以他常常有外化的倾向。然而，因为真心想让家里的一切变好，于是他努力工作，并接受了他的妻子和孩子们，理解他们都是有自己的风格、情绪敏感的人，不应该去压制他们。

轻度外物掌控者表现形式多样。如前所述，表面上他们看起来似乎很像自我掌控者。要区别这一点，关键看他们是否会因为自己过得不快乐而责备他人，正如接下来这个故事将会提到的。

罗德尼的故事

表面上，罗德尼似乎是一个有同理心的自我掌控者，他总是试图让每个人都开心。他允许自己的妻子莎莎告诉他做事的权限，让她对自己的活动有充分的否决权。他来接受治疗是因为他感到很沮丧，他认为自己已经失去了自我。他害怕让莎莎生气，从不对她提出异议，因为他害怕她会离开自己。

从表面上看，他声称要对自己的选择负责，但他私下里指责莎莎限制了自己的生活。他认为是她控制了自己的幸福，并觉得没她的允许，他做任何事都不自由。罗德尼从小和专横的母亲一起生活，但母亲并没有给他多少关怀，作为一个成年人，他依然觉得自己在扮演着一个被莎莎控制的孩子的角色。

在治疗期间，他把自己想象成了一个囚犯，这是非常外化的形象！

罗德尼并没有像许多外物掌控者一样有华而不实的要求，但同样，他认为他的问题需要靠别人来解决。即使他开始认识到这个问题，但仍旧徘徊在其间，情况也变得更为严重了。幸运的是，在治疗一段时间后，罗德尼开始醒悟了，也开始表达自己的想法了。莎莎不知道他过去竟然如此不开心，她只是一直在主导着生活，因为罗德尼从来没有表达过他的想法。

有虐待倾向的兄弟姐妹可能是外物掌控者

我的许多客户都和失控的外化的兄弟姐妹一起生活过。这些客户都面临同样的情况：无论是年长的还是年幼的，那些具有掠夺性的、被宠溺的兄弟姐妹都会使他们的童年生活过得很痛苦，而他们的父母却从不干预。如果他们的兄弟姐妹感到无聊或不安，就会迁怒到他们身上。他们的父母在某种程度上觉得这些外化的兄弟姐妹很特别，也就不会因为他们的不良行为而惩罚他们。在某些情况下，我的客户还可能遭到兄弟姐妹的性虐待，我的客户要么干脆不告诉父母，因为他们觉得父母不会相信他们，要么告诉父母后，父母反而为他们的兄弟姐妹辩护。

外化的兄弟姐妹也可能对你实施情感虐待，用他们的烦恼和发脾气来"统治"整个家。自我掌控者觉得他们无法摆脱任何麻烦，而他们的外化的兄弟姐妹则常常被允许规避一切责任。情感不成熟的父母经常安抚或帮助外化的孩子。这似乎是唯一的解决方案，因为外物掌控者常常做出很多冲动的决定，使得他们的生活难以掌控。

在一个有这种兄弟姐妹的家庭里，父母的态度往往是让自我掌控者保持沉默，不要抱怨不公平，并告诉孩子试着去理解兄弟姐妹。对于父母来说，没有什么值得让一个孩子表现出沮丧之情。这些自我掌控者被告知，他们应该把自己的需求放在次要的位置上，然后去关心外在掌控者的需求。

外物掌控者也常无故地指责别人虐待他们，并且假装自己是委屈的受害者，需要得到特别的关心。有一位女性的弟弟是一个外物掌控者，当他指控姐姐在童年时期对他进行性虐待时，她感到非常震惊。他还小的时候，因为他们的父母都忙于照顾常年生病的外祖母，无暇顾及他们，所以她牺牲了很多时间来照顾他。她弟弟的毫无根据的指控，与他无法管理自己的生活却将之归于外部原因的行为模式很符合。即使我的客户发誓什么都没有发生，但他们的父母还是立即站在了她弟弟这一边。她的父母和兄弟的做法就像早就排练好了一样，这让她难以接受。

应对方式的连续性：混合风格

人的性格特点如同人性中的一切，不是纯粹的。相反，任何特点都如同光谱一样具有连续性，相互之间有重叠的部分，内化和外化会在同一"光谱"上出现，在最极端的情况下，内化和外化之间千差万别。

但在适当的条件下，每一种类型的行为和态度和另一种类型会有不少相似之处。例如，一旦外物掌控者掉入人生的低谷，他们有时会意识到自己可能需要做出一些改变，而不是希望世界来适应他们。又如，在巨大的压力下，一些自我掌控者可能和任何外物掌控者一样反应冲动。

外物掌控者可能变得更内化

外在和内在只是人的两面。每个人都可以或多或少地表现出两种风格，这取决于环境和他们在连续性上的变化。话虽如此，那些寻求治疗或喜欢阅读自助方面书籍的人更可能具有一个内在的应对方式。他们总是试图尽自己所能来使生活更好。

相比之下，那些将自己的问题外化的人更有可能在外部压力下（如法院、婚姻的最后通牒、康复中心），开始接受心理治疗。许多成瘾康复中心倾向于让外部掌控者学会采取一种更为内化的

应对方式，并对自己负责。你甚至可以想象一群采取 AA 制的伙
伴，他们这样做可以让外物掌控者开始为自己负责，变成自我掌
控者。

在一定压力下自我掌控者可能会外化

自我掌控者在过度紧张或孤独的时候可能会采取外化的应对
方式。过于牺牲自我的自我掌控者有时会通过婚外情来减轻自己
的不幸。他们经常对此感到巨大的羞耻和内疚，并且害怕东窗事
发，但他们难以抵制这些诱惑，因为这可以让他们逃离缺乏感情
和性的生活。婚外情让他们再次感受到生命的活力，再次感到自
己很特别，并让他们的需求得到了满足，同时又可以和自己的另
一半维持良好的关系。大多数时候，他们会先尝试与他们的伴侣
谈论他们的不快乐，因为他们本能地想要解决问题。但如果对方
不听，或者断然拒绝这一提议，自我掌控者可能期望有人来拯救
他们，这是典型的外物掌控者的处理方式。

这也许有助于解释许多中年危机的现象，曾经很负责的人到
中年以后竟扭转了他们的价值观。在他们追求一种可以让自己得
到回报的生活时，他们似乎突然拒绝了所有的义务和责任。但想
想典型的自我掌控者的特点，或许中年的这种变化对他们来说并
不是太突然；也许这是由多年的自我否定造成的，渐渐地，他们

开始意识到，自己过去总把别人的需求放在首位而忽视了自身的感受。

药物滥用是自我掌控者在受到压力的情况下采用的另一种外化的解决方案，正如你将在下面的故事中看到的。

罗恩的故事

罗恩是一个终身伴有慢性背痛的自我掌控者，他总是在试图取悦自私的母亲和挑剔的上司。起初他来接受治疗时，还是个典型的自我掌控者，想要寻找可以改变生活的方法。但是，随着工作压力的加大，他开始感到很孤独，得不到他人的支持，他开始服用更多的止痛药，喝更多的酒。最后，罗恩向我承认他非常依赖酒精和止痛药，不久之后他就决定住院治疗，以控制自己的瘾症。通过医院的专业护理，他终于能够像从前一样用自己的方式来解决问题，而不用依靠药物。

（练习）

确定你处理问题的方式

这项测试可以帮助你确定你更倾向于自我掌控者还是外物掌控者。下面罗列的这些特点都有些极端，但这样可以凸显出两种类型的差别。另外，人的某种性格如同光谱一样具有连续性，但大多数人还是会更加倾向于其中一端。

外物掌控者的特点

对生活的态度

_____ 活在当下，不考虑未来

_____ 思考外在的解决方案

_____ 期望别人来改善一切"其他人怎样可以让一切变好呢？"

_____ 先行动后思考

_____ 低估困难

对问题的回应

_____ 对一切正在进行的事都会做出反应

_____ 把问题看作他人的错

_____ 埋怨所处的环境

_____ 让他人也陷入麻烦

_____ 否认或逃避现实

心理学类型

_____ 冲动而且以自我为中心

_____ 思想情感难以控制

_____ 容易生气

_____ 对内心世界不感兴趣

与人关系的特点

_____ 期望别人提供帮助

_____ 认为别人应该做出改变来改善境况

_____ 期望别人聆听自己，并且常常自言自语

_____ 要求别人不要"唠叨"

自我掌控者的特点

对生活的态度

_____ 担忧未来

_____ 从内心世界出发寻找解决方案

_____ 很体贴，很有同理心："我怎样做才可以让事情变好？"

_____ 常思考将来会发生什么

_____ 高估困难

对问题的回应

_____ 试图明白正在发生的事情

_____ 出问题会从自身找原因："我做错过什么？"

_____ 常常自我反思并且很负责

_____ 独立地把问题理清并试图解决它们

_____ 接受现实本身的样子并且愿意改变

心理学类型

_____ 三思而后行

_____ 思想情感可以掌控

_____ 容易感到自己有罪

_____ 认为内心世界很迷人

与人关系的特点

_____ 首先考虑他人的需求

_____ 会考虑做出改变来改善境况

_____ 会就一个问题与人进行讨论

_____ 想要帮助别人理解问题的来源

如果测试结果表明你更像一个自我掌控者，你可能会因为试图在你与他人的关系中做太多的情感工作而感到疲惫。下一章我们将探讨内化的特点，是这些特点促使你为别人做得太多。如果测试结果表明你更像一个外物掌控者，你可能会想让别人对你做出反馈。你也可能正在瓦解别人对你的信心。

平衡是关键

那些处事方式极端的人通常在生活中都有很严重的问题。极端的外物掌控者可能会有很多身体症状，或者因为自己的行为陷入麻烦，且极端的自我掌控者容易有情绪症状，比如焦虑、沮丧。

如果你回顾前面测试的清单，会发现任何一个特点是因为利益还是因为责任，要视情况而定。例如，你会看到，自我掌控者可能具有自我挫败的倾向，比如不作为、不表态、避免求助。相反，虽然外物掌控者的生活可能一团糟，但冲动的风格使他们更愿意采取行动，尝试不同的解决方案。有时这种冲动正是我们所需要的，所以在某些情况下，它可以给我们力量。每种处事风格在适当的条件下都可能是有用的。基本上，当人们被困在任一极端的应对方式中时，问题就会出现。

不过，总体上来说，外部掌控者更加不切实际，适应力较低。这是因为极端外物掌控者的不成熟的应对机制很难发挥作用，使得他们根本无法与人建立和谐的关系，同时这种应对机制也无法促进他们心理发展的成熟。

总结 ○ ○ ○ ○

孩子对待情感不成熟的父母反应方式不同，但他们潜意识里都会形成治愈型幻想。如果一个孩子的真实自我不被人接受，那么这个孩子也会采取扮演角色型自我的方式来在家庭中获得一席之地。此外，孩子在情感上形成了两种主要的应对情感不成熟的父母的方式：外化或内化。外物掌控者认为他们的问题的解决方案来自外部，而自我掌控者往往依靠自己解决问题。任一种处事风格在此刻都可能是有利的，但自我掌控者不大可能制造冲突或让他人为难。然而，自我掌控者遇到的困难更可能让自己痛苦。

在下一章，我们将深入了解内化这一风格。你会看到童年的治愈型幻想如何让人陷入自我挫败的角色当中去，以及找回真实的自我如何能让人们再次感到自由。

第6章

作为自我掌控者是怎样一种感受

o ° ° ° ° ° °

自我掌控者对他们的感受非常敏感。因为他们非常渴望与他人建立情感联系，所以情感不成熟的父母的存在会给他们带来很多痛苦。

　　作为孩子，敏感的自我掌控者很容易就能发现他们的父母并没有与自己建立真正的情感联系。他们比那些感知力更弱的孩子更容易记住受到的情感伤害，因此在成长的过程中，他们会深受情感不成熟的父母的影响。因为自我掌控者对自己与所爱之人的关系很敏感，所以当他们有一个情感上不负责任的父母时，他们更能体会到父母引起的痛苦的孤独感。

　　在这一章中，我们将仔细了解一下自我掌控者的特点。我们还将探讨内化的缺陷，尤其是渴望与他人建立亲密关系可能让你为他人付出太多却忽视了自己。

自我掌控者很敏感、感知力很强

　　如果你是一个自我掌控者，你可能想知道自己为什么会对他人的内心如此警惕。可能是因为某种和你的神经系统一样重要的东西使得你总是过于在意他人的感受和需求。

　　自我掌控者极其敏感，敏感程度远远超过大多数人，他们会注意身边的一切事情。在生活中他们如同情感的音叉，拾取他人以及周围的振动并与之产生共鸣。正如一个客户向我描述的那样："我的大脑吸收了一切！我不知道自己曾拾取了多少东西，它们就这么渗透进我的大脑里了。"

　　自我掌控者可能天生就有一个异常警觉的神经系统。一些研究发现，婴儿协调环境的能力差异在很早的时候就可以看出来（Porges，2011）。即使五个月大的婴儿也可能显现出比其他婴儿更多的洞察力和更持续的兴趣（Conradt，Measelle，and Ablow，2013）。此外，这些特征还被证明与孩子在成长过程中所进行的行为有关。

　　神经科学家斯蒂芬·波吉斯在总结了自己以及他人的研究后提出，即使在新生儿中也存在先天神经差异（2011）。他的研究表明，早期的生活中，人们在压力下进行自我安慰和调节生理功能的能力可能会有很大的差异。对我来说，这似乎揭示了一种倾向，即人们从婴儿时起可能就掌握了一定的应对能力。

自我掌控者有强烈的情感

　　自我掌控者不像外物掌控者那样喜欢立刻表现出他们的情绪，所以久而久之，当他们在心里抑制这些情感时，这些感情会在他们的心里得到强化。因为自我掌控者对事情的感受很深，所以他们常常被人觉得过于敏感或过于情绪化也就不足为奇了。当自我掌控者体验到痛苦的情感时，他们更可能露出悲伤的神情或者哭泣，而这些是恐惧情感的父母所不能容忍的。另一方面，当外物掌控者有强烈的感情时，他们通常会经由行为表现出来。因此，即使是内在的情感导致了这些行为，其他人还是可能会觉得外物掌控者有行为问题而非情感问题。

　　情感不成熟的父母可能会因为外物掌控者的行为骂他们或惩罚他们，此外，这些父母更可能对自我掌控者的感情冷眼相待。外物掌控者会被告知他们的行为是个问题，而自我掌控者则可能被告知，他们的天性是个问题。例如，一个女人的父亲讽刺地说，如果她曾经写了一本关于她的生活的书，她应该给这本书取名为《后悔无益》（*Crying Over Spilt Milk*）。她深深受到了伤害，因为她知道无法改变自己的情绪，她父亲却依然对她的软肋大加讽刺。

自我掌控者非常渴求与人的情感联系

　　因为自我掌控者非常善解人意，所以他们对与人情感亲密的质量极为敏感。他们很渴望情感亲密。因此，如果和情感不成熟、恐惧情感的父母一起生活，他们会觉得很孤独。

　　自我掌控者还有一个共同点，他们渴望分享自己的内心体验。作为孩子，他们存在的核心就是他们对情感联系的渴望。没有什么比在感情上对他们不屑的人更能伤害他们的了。他人的冷漠会扼杀他们内心的一些渴望。他们会密切观察他人，以期寻找可以证明自己已经与对方建立情感联系的迹象。这不是一种想要与人交谈的社交冲动，而是一种想要与理解他们的人建立情感联系的强烈渴望。他们觉得没有什么比这更让人开心了。如果不能与人建立那样的联系，他们会觉得很寂寞。

在第 4 章中，我们曾说过，这种渴望父母的情感反应和互动的需求对依恋行为稳定的婴儿来说是很正常的。亲子的联系就是这样产生的。研究表明，如果母亲不理他们，依恋行为稳定的婴儿会表现出痛苦，或者干脆面无表情（Tronick，Adamson，and Brazelton，1975）。在线观看 YouTube 的"面无表情实验"（still face experience），我们可以体会婴儿的这种强烈的痛苦。

内化的孩子往往认为帮助父母、隐藏自己的需要就可以赢得以自我为中心的父母的爱。不幸的是，被依赖和被爱是不一样的，孩子们采取这种策略最终还是无法填补情感的空虚。没有一个孩子能好到可以唤起高度自我的父母的爱。然而这些孩子们还是相信，要想与他人建立情感联系，就要先把别人放在第一位。他们认为自己可以通过成为给予者来保持与他人的关系。那些竭力想赢得父母的爱的孩子们不知道，无条件的爱是无法用有条件的行为买的。

罗根的故事

罗根是一名 41 岁的职业音乐家，她走进我的办公室时，我感到她是一个非常时髦的人，她红色的头发像翻滚的云，全身穿的都是黑色，非常瘦，像一根燃烧的火柴。当然，她并没有真让自己烧着。

　　她因为对人越来越没耐性，无法让自己放松下来，所以才来接受心理治疗。她知道，她的许多问题都源于自己对家庭的愤怒，因为他们很少理会她的感情。虽然她来自一个传统的、宗教的、强调家人间的亲密和忠诚的家庭，但她觉得自己似乎跟他们没有任何交集。她不知道如何才能与家人和睦相处，同时又能坚持自我。

　　"对于他们的冷淡，我已经厌倦了，"罗根生气地说，"我根本无法让他们注意到我，理解我。"随后她肩膀下垂，用一种很小的、不自信的声音说，"我的父母想把我抚养成一个好女孩，但我做得不够好。我难过的时候，他们完全忽略了我。如果我情绪激动了，他们也不会注意到。"

　　罗根的愤怒是长期的悲伤造成的。她一直想要弄清楚为什么父母看似正常的行为会让她觉得自己被冷落了。她想知道是不是自己有问题，也许是自己对他们要求太多了？

　　作为一个自我掌控者，罗根对真实的情感联系有着强烈的需要。不幸的是，她的以自我为中心的兄弟姐妹和父母对这种情感联系不感兴趣。家里没有人在意其他人的感受，她热情的表情根本无人理会。她的家人自始至终扮演着狭隘的家庭角色。

罗根总结说："我的父母完全没有同理心。我们从来没有合拍过。他们也不想跟我合拍。对他们来说，这样更安全，但对我来说，这让我很疲惫。

罗根很努力地尝试把自己变成她的情感不成熟的父母愿意与其建立情感联系的传统的人，但她还是未能如愿，在这个过程中，她感到很挫败。失败使她开始自我怀疑，她的情绪也陷入了极度混乱。她对他们需求过多真的很疯狂吗？

罗根因为受到了情感上的伤害，所以很长一段时间情绪都有些激动，但没有人注意到，因为她是如此聪明，如此成功。然而，尽管取得了很多的成就，但缺乏与家人的情感亲密使罗根感觉很空虚。为了弥补这一缺陷，罗根总是试图让人们微笑，让人们感觉舒服。她觉得别人只会因为她为别人做的事情而重视她，而不会因为她本身而珍惜她。

自我掌控者对社交有着强烈的本能

孤立感会让人很有压力，但你有没有想过为什么？独处仅仅意味着生活会缺少乐趣吗？或许还有一些更为深层的东西，比如因独处带来的惩罚，回避、排斥、单独监禁和流放。为什么情感联系如此重要？

　　根据神经学家斯蒂芬·波吉斯的研究（2011），我们可以知道，哺乳动物通过进化具备了一种独特的应对本能，这种本能使得它们在接近或接触别的个体时可以镇静下来，而非只有像爬行动物一样无意识的应激反应，哺乳动物可以通过与同类的接触使心率平静下来，并降低因压力带来的体力损耗。哺乳动物体内某些迷走神经通路已经进化到可以通过身体上的亲近、抚摸、舒缓的声音甚至眼神接触来使应激激素和心率降低。这些镇静效果可以节约宝贵的精力，也可以创造愉快的社会关系，这种关系又可以促进强大的群体的发展。

　　对于所有的哺乳动物而言，包括人类，当寻求安慰的渴望开启时，一些神奇的事情将会发生。危险可能不会消失，但只要它们觉得自己和所爱的同类在一起，就可以保持镇静。大多数哺乳动物的生活都充满压力，但由于它们与其他个体接触的本能，它们总能感受到安慰。这给了哺乳动物一个其他动物所没有的巨大的优势，每次受到威胁时，它们都可以用一种高效的方式来应对所受到的压力，而不是靠无意识的应激反应。

明白情感联系是很正常的，而非依赖

　　对于自我掌控者而言，明白他们对情感参与的本能渴望是一件积极的事是很重要的，他们的这些本能并非是因为他们很贪婪或有依赖心理。面对压力时，本能地向别人寻求安慰，可以使人更坚强、更具适应力。即使他们因为渴望被人关注而被冷淡的父母所羞辱，他们的情感需求也依然表明他们寻求安慰的本能是非常健康的。自我掌控者本能地知道相互依赖的好处，正如所有哺乳动物进化成的样子。只有恐惧情感、情感不成熟的人才觉得希望得到别人的同情和理解，是一种软弱的表现。

建立家庭之外的情感联系

由于作为自我掌控者的儿童具备敏锐的洞察力和对社交的强烈需求，他们通常善于发现家庭以外的情感联系的潜在来源。当他们注意到人们热情地回应他们时，他们会自然地去寻找家庭之外的可靠关系，以获得更多的安全感。我的许多客户都有关于邻居、亲戚或老师的温暖的回忆，因为这些人都曾让他们感到自己受到了重视，使他们的生活发生了很大的变化。还有些人从宠物或童年伙伴那里得到了类似的支持。自我掌控者甚至会在对大自然的美或艺术产生共鸣时感到情感上的熏陶。当他们与一个无论发生什么都陪伴在他们身边的好人相处时，那种氛围也可以让他们感受到情感上的熏陶。

外物掌控者也需要安慰，但他们往往会迫使其他人来满足自己的需求，以情绪反应使别人成为他们的情感人质。他们经常用自己的行为来压制他人的一些反应，但是因为有些不择手段，他们得到的关注远不及从自由而且真正的情感亲密的交流中得到的关注多。外物掌控者还会通过指责别人或利用他人的负罪感来获取关注。最终，人们可能会觉得不管自己愿不愿意都必须帮助他们，但从长远来看，这会让人们心生怨恨。

避免社交和情感不成熟的关系

大多数情感不成熟的人往往会成为外物掌控者，不知道如何通过真诚的情感投入来使自己平静。当他们缺乏安全感时，往往会觉得受到了威胁，并做出无意识的应激反应，而不是去寻求安慰。他们会通过冷淡的行为或防御心理来应对焦虑，但这些做法疏远了其他人。愤怒、责备、批评和控制都是在寻求安慰时缺乏理智的表现。外物掌控者根本不知道如何寻求安慰。

那些容易发脾气的外物掌控者可能看起来非常渴望社交，他们的做法却往往不如人意。让他们冷静下来可不容易，即使冷静下来，他们似乎仍然对他人多多少少有些不信任与不满，因为他们在与人交往的过程中没有完全袒露心扉。如果一个人试图使一个不安的外物掌控者冷静下来，他可能会觉得很不愉快，因为他做出的所有努力都是徒劳无功的。

与他人的情感联系在生存中发挥的作用

在亲密关系中获得的安慰不仅仅能够使人舒服些，还可能拯救人的生命。通过亲密的关系获得支持是帮助人们在极端而且危及生命的情况下生存下来的方法之一（Gonzales，2003）。当事态变得很紧张时，如果一个人唯一的处理方法是争吵、逃跑或变得冷淡，可以想象，对那个人来说，去忍受漫长的生存挑战将是多么困难。通过对那些在几乎不可能的情况下生存下来的人们的研究，我们可以发现，他们总是通过自身现有的亲密关系和有关爱人的记忆获取生命的力量和决心。

考虑到情感联系强大到可以支撑人们在灾难中生存下来，那么再想想它在日常生活中可以发挥什么作用。每个人都需要与他人建立非常深厚的情感联系，才能从中获得足够的安全感。

自我掌控者会因为需要他人的帮助而感到愧疚

自我掌控者寻求他人的帮助或接受治疗的时候，常常感到很尴尬，觉得自己配不上别人的帮助。和情感不成熟的父母一起生活的自我掌控者，往往会惊讶于别人竟然会认真对待他们的感情。他们往往会将自己的痛苦轻描淡写成是"愚蠢的事情"。其中有些人还说他们不应该占据接受治疗的时间，因为还有很多比他们更需要帮助的人正在等待接受治疗——这表明可能在他们家里，渴望关注的外物掌控者是唯一被认为需要帮助的人。

如果自我掌控者在童年时期会为自己的敏感情绪感到羞愧的话，那么成年后他们可能会不好意思表露自己的深情。在治疗师的办公室里忍不住哭泣的时候，他们可能会说"对不起"，他们似乎觉得自己应该平淡地谈论自己的情感痛苦，而不把其表现出来。有些人甚至还自备纸巾，因为他们不想用光治疗师的纸巾。他们深信自己的深情会给其他人添麻烦。

当有人对自我掌控者的感受表现出真正的兴趣时，他们往往会感到措手不及。一位女性刚刚开始接受心理治疗，在讲述她自己的故事的时候，她突然停住了，然后奇怪地看着我，惊讶地说道："你真的理解我了。"她知道尽管自己在日常生活中表现很正常，但我依然理解了她所说的那种潜在的痛苦。得到别人的理解似乎是她最不敢期待的事。

自我掌控者很容易被忽视

外物掌控者在家里是最容易受到关注的孩子：还是小孩子的时候，他们常莫名地生气，等到渐渐长大后，他们又经常惹麻烦。

无论有什么问题，他们总能成为父母最关心的人。父母对他们的担心和为他们付出的精力也要比其他孩子更多。

自我掌控者看起来似乎不像外物掌控者那样需要太多的关注，因为他们更加独立。如果让他们去求助于他人，他们会觉得很尴尬，他们更愿意自己来解决遇到的问题。他们不喜欢麻烦别人。这种做法使得他们容易被人忽视。对于那些很忙碌而且专注的父母来说，这类自力更生的孩子不大容易引起他们的关注。父母会觉得，这些孩子即使得不到别人的关注也能过得去。的确，独立的自我掌控者可以不需要太多的关注，但这不意味着当他们的情感被忽视的时候，他们也能过得去。

因为情感不成熟的父母觉得内化的孩子更懂得照顾自我，所以他们允许这些独立的孩子有更多家庭之外的生活。但是，即使自我掌控者很独立，他们依然很渴望与父母建立情感联系，得到父母的关注。情感忽视对任何孩子来说都不是什么好事，对情绪敏感的自我掌控者而言更是如此。

靠他人有限的认可前进

随着情感上被忽视的自我掌控者慢慢长大，他们越发觉得自己应该独自处理一切，他们的这种能力也确实很强。因为自我掌控者喜欢学习和吸取经验，他们能够根据他人的处境，通过给予他人足够的关注与爱来帮助他人渡过困境。如果自己得不到太多关注，他们也能用这种方法来帮助自己。我的一个客户谈到这种做法时，解释道："社会联系就像一种微量的矿物质或维生素，你不需要太多，但也不能完全没有，否则你会生病的。"

一个男人似乎把帮助别人当成了习惯，当他妹妹为他多年来所做的一切对他表示感谢时，他有些震惊。因为他从没想过自己会被人注意。因为自我掌控者经常为他人担负很多的责任，所以得到别人的一点点认可也会让他们感激涕零。事实上，这是自我掌控者的一个标志：对他人的认可或特殊的感情都会由衷地感激。

认识儿童时期受到的忽视

父母的情感不成熟常常会让孩子受到情感忽视。然而，这种情感上的剥夺对孩子而言是一种难以言喻的体会。这些孩子会觉得很空虚，却不知道该怎么称呼这种感受。在成长的过程中，他们会感到非常孤独，但不知道为什么会这样。他们只会觉得自己和那些看起来很轻松的人有些不同。如果你想知道自己在童年经历中是否遭遇过情感剥夺，杰弗里·杨和珍妮特·克洛斯特的著作《性格的陷阱》（*Reinventing Your Life*）可以帮你找到答案。

人们常常要到第一次读到这本书的时候才知道自己在情感上受到了忽视。这些人来接受心理治疗的时候，通常不觉得自己被忽视了。但通过对他们更为深入的诊察，他们开始回忆起自己小时候缺乏关爱的经历。比如在危险的情况下感觉非常孤独、缺乏安全感，以及照看他们的人不太关注将要发生的事情。通常，他们只知道自己需要提高警惕、照顾自己。一位女士回忆说，四岁的时候，她独自一人在海滩上待了一个多小时，但她的母亲没有来找她，而其他人也有过类似的经历。另一位女士回忆道，小时候她去泳池时总会远离泳池边缘，因为她知道母亲不会在意自己的安全。

那些独立而又内化的孩子容易让人觉得他们没有需求。大家都觉得他们能够在没人照顾的情况下处理好一切。他们的父母总希望他们做正确的事情，这让他们看起来有些年少老成。他们心甘情愿地服从父母的要求，扮演着过于独立的角色，但这也往往会导致他们在成年后主动为他人承担过多的责任。

桑德拉的故事

当桑德拉 11 岁的时候，她和她 7 岁的弟弟被送到另一个州的亲戚家过暑假。他们的母亲好像毫不担心，直接把他们送上了公共汽车就撒手不管了，但是这辆车需要在夜里行驶 800千米，而且他们还得在午夜转车。虽然桑德拉感到很失落、很害怕，但她知道自己必须保护弟弟。类似的情形会让自我掌控者变得坚强起来，正如桑德拉所说的那样："我的弟弟真的很害怕，他一直哭。我知道这种情况下我该站出来，面对一切。"

贝瑟尼的故事

一年夏天，贝瑟尼当时 10 岁，她被送到巴西给她不负责任的哥哥和年轻的嫂子照看孩子。他的哥哥和嫂子喜欢聚会，随意来去，10 岁的贝瑟尼则负责照顾她的小侄子。夏天结束的时候，她的母亲让贝瑟尼继续留在巴西帮助她哥哥一家，不用去上学了。最后，她母亲似乎想起了什么，然后又去把贝瑟尼接了回来。她的母亲是一个典型的以自我为中心的、情感不成熟的家长：不知道再有能力的孩子，仍然需要家长的照顾。

慢慢学会忽视自己的感受

那些不得不让自己变得坚强、自己解决问题的孩子可能会渐渐忽视自己的感情。也许他们学会了避免痛苦的情感的方法，因为他们知道情感不成熟的父母无法帮助他们摆脱这些痛苦。

利亚的故事

利亚是一个从小就受到情感忽视的人，一天，她在接受治疗的时候为自己依然感到很抑郁而跟我道歉。她认为我很反感她的悲伤情绪。

利亚认为我唯一想听到的是她在我的治疗下好多了，这样就可以让我感觉自己是一个很成功的治疗师。我如此在意她的感受可能会让她有些难以置信。这是她童年时期遗留下来的阴影，任何时候如果利亚表达了自己的感情，她那冷淡而又严肃的母亲便会发怒。对此，利亚认为最好的办法是成为一个"没有情感需要、讨人喜欢"的人。所以她隐藏自己的感情，尽可能地满足他人的需求。

在童年时代，利亚试图独立起来。她经常想，**我怎么能让自己满足呢？我怎么才能获得安全感呢？** 她没有想到这些都不是孩子要考虑的问题。只有在感情上很细心的父母才能让她感到满足、感到安心。

只得到表面的帮助

还有一种忽视就是，情感不成熟的父母只会在表面上安慰那些受惊的孩子，但这些安慰根本帮不了孩子。一位女性清晰地记得，每次她都是独自去战胜恐惧。当我问她是否在感到恐惧时得到过帮助，她说："没有。如果有人理解我那当然好了，但我从来没有受到过他人的帮助。我不记得有人曾帮助我克服恐惧。他们只是说，'哦，你会没事的''没关系的'或'没有必要那样想，你会好起来的'。"

自我掌控者过于独立

在情感上被忽视会让过早的独立看起来像是一种应当学习的美德。许多被忽视的孩子没有意识到独立是他们成长过程中必须掌握的能力，而不是一种选择。我让我的客户向我描述了他们的这种心理，如"我一直是自己照顾自己""没有什么我不能独自解决的，我不喜欢依靠任何人"和"你应该在没有任何人帮助的情况下做到这一切。不要让他们看见你的不安"。

不幸的是，那些过于独立的孩子到后来可能不知道如何求助他人，即使他人很乐意伸出援手。通常心理治疗师或咨询师往往需要苦口婆心地说服这些人，让他们觉得需要他人的帮助是很正常的。

自我掌控者不理解什么是虐待

因为自我掌控者往往会从自身去寻找问题出现的原因，所以他们可能不理解什么是虐待。如果父母不觉得自己的行为是虐待，他们的孩子也不会这样觉得。即使作为成年人，很多人都不知道他们在童年时期早就受过虐待。因此，他们可能也识别不出他们的成人关系中的虐待行为。

例如，薇薇安在谈到她丈夫的愤怒时有些犹犹豫豫，觉得谈论这些太愚蠢，根本微不足道。然后她不好意思地告诉我，他生气的时候会摔东西，他曾经把她的手工作品直接扔在地板上，因为他想让她保持房子的整洁。薇薇安觉得告诉我这件事很尴尬，因为她认为我会说她丈夫的行为很正常，并说她有些小题大做。

我的另一个客户是一名中年男子，在谈论他童年受到的虐待时显得漫不经心，好像根本没把它当回事。例如，他说父亲曾经把他弄到窒息，直到他尿裤子，然后又把他锁在地下室里。还有一次，他的父亲把一个立体声音响直接扔了，他承认，他的父亲"可能有点儿脾气"。这位客户说话时，他的态度清楚地表明，他觉得父亲的这些行为很正常。

自我掌控者在与人的关系中会做大部分的情感工作

自我掌控者会在他们的家庭关系中做很多情感工作。情感工作涉及使用换位思考、洞察力和自我控制来促进与他人的关系，并与他人和睦相处。在健康的家庭中，父母在和孩子交流时会做大部分的情感工作。但当父母处理方式不对时，孩子便很可能会变得内化。孩子可能会承担过多的责任，比如在父母的关系陷入危机时照顾弟弟妹妹，或者是非常在意每个人的感受，时刻观察谁很不安、需要安慰。

试图为缺少生气的家庭增添欢乐

尤其是在父母很抑郁或者情绪低落的时候，内化的孩子可能会扮演一个愉快、欢乐的角色，试图把快乐和活力注入这个阴郁的家庭中。因为他们的活力和幽默感，其他人会觉得事情还没那么糟糕。一位女性是这样描述这种情况的："我总是很快乐。例如，在假期里，我会说，'让我们把装饰挂起来！'我这样做是因为我的家人彼此非常疏远，缺乏热情。我现在意识到自己当时其实是想和其他人建立情感联系。"她做了很多的情感工作来让家人感到兴奋，即使这需要她独自担起所有的工作。

替父母做情感工作

如果可以的话，情感不成熟的父母会尽量避免为孩子做情感工作。因此，他们可能无法处理孩子的情感问题、注意力问题，或者在学校遇到的困难，他们往往让孩子自己折腾。当孩子需要情感上的支持时，这些父母也根本提供不了什么帮助。例如，当他们的孩子感到伤心或被同伴拒绝，需要安慰时，他们可能会不屑一顾。他们只是提出一些无用的或轻率的建议，而不是试图了解孩子的苦楚。最终，孩子们会明白这些父母根本不会做任何的情感工作来帮助他们。

此外，自我掌控者天生的敏感性会促使他们替父母做情感工作。有时，内化的孩子的情感工作甚至包括如聆听父母的心声、安慰父母，乃至给父母提供建议。在这些孩子还不够成熟的时候，就开始为他人提供情感支持了。更糟糕的是，有时父母会对孩子倾诉，随后却拒绝孩子提的所有建议——这种角色反转可能会一直持续到孩子成年。这种情况要求孩子做很多情感工作，却往往徒劳无功。

坎迪斯的故事

从童年到成年，坎迪斯一直在做她母亲的倾听者，听她母亲倾诉自己的问题。当我问她如何能做到这件事时，坎迪斯说："我知道我比她的情绪更稳定。我习惯了独自处理自己的问题。她肯定是我们中最需要帮助的人。她总是需要我的鼓励才能坚持自我。她总是觉得自己不可爱。她缺乏自尊，我只是想帮她找到幸福。"

在成人的关系中付出过多

许多内化的孩子乐观地认为，他们长大后可以单方面地爱另一个人，并与其建立良好的恋爱关系。一位女性在反思了自己失败的婚姻后，这样说道："我过去总认为只要我单方面付出就可以了。"自我掌控者大多数时候习惯换位思考，付出的远比收获的多，而且很长一段时间他们可能都不会注意到，自己的精力正在不断地被消耗，而其他人却丝毫都未改变。

在与人互动的过程中，自我掌控者的做法看起来很像是过于陷入其中了。例如，他们会感谢某人的耐心，但实际上他们才是被打扰的一方，或者他们经常会对以自我为中心的人体贴入微，却得不到对方的回应。他们对家庭中其他成员的情感很敏感，但其他人丝毫不具备这种能力。他们会把其他人看得比实际更好、更贴心，尽管其他人不善社交。

一位男性告诉我，他对他的女朋友有一个乐观的幻想，他说："我想我可以通过努力在某种程度上让她觉得我跟她所想的不一样。我相信我能让她快乐，让她爱我。"他相信女朋友的感情是可以改变的。

一位女性客户说她在友谊中总是会做很多额外的情感工作，"我的问题是，我总是试图表现得很友好、很宽容。如果我稍稍考虑自己的需求，就担心别人会认为我不关心对方或有特殊的意图。

这让我觉得我必须一直关心他们，否则我就是一个坏人。"

还有一个女人在离婚后才意识到她做了多少情感工作："当我的丈夫因为一些小事而激动时，我试图迁就他，让他冷静下来，而不是告诉他，'这真可笑'。他是如此不成熟。这十年来我怎么就把这点给忽视了？这些年我不在意自己投入了多少精力。相反，我告诉自己，我们都在努力使这段感情顺利进行。我想也许我不是一个好妻子，我想知道该如何改善我们的关系。我猜每个人都在挣扎着，也许这就是婚姻的样子。"

为什么自我掌控者常常会结束于不平衡的关系？他们明明做了很多情感工作。一个原因是原本需求很多的外物掌控者会给予自我掌控者温暖，满足他们的需求。最初，他们会让自我掌控者觉得自己很特别，以便使关系稳定下来，但一旦拥有了那个人，他们就会停止做这些情感工作。这种突然的转变会让自我掌控者很惊讶，并常常责备自己。

容易引起急需帮助的人的依赖

自我掌控者从小就很独立，情感不成熟的人很倾向于依赖他们。自我掌控者非常敏锐，非常善解人意，即便是陌生人在紧张的情况下也会本能地信任自我掌控者。我的客户马丁尼是这样说的："他们需要帮助的时候就会来找我，渴望从我这里得到合适的建议。他们很少从其他人那里得到类似的回应，所以他们都跑来找我，好像我是他们问题的垃圾场。我只是想友好一点儿，但这让我深受其苦。"

像马丁尼这样的人甚至不知道，他们身上的善良和智慧十分吸引那些需求很多的人。幸运的是，马丁尼终于意识到，不能做一个"老好人"。当她不再不加区别地给予他人帮助的时候，她的生活也更加轻松、更加充满活力了。

在治疗过程中，另一个客户终于意识到她一直都是一个"老好人"，即便对不认识的人，她也一样。她发现自己与在电梯遇到的健谈的陌生人和孤独的过路人的很多谈话都是没必要的。她想，**难道自己的脖子上有特殊的标志吗？**她觉得应当友好地对待每一个人，即使是之前从未见过的人。而事实是，无论在哪里，那些需求很多的陌生人一旦得到了友好的回应便会得寸进尺。

相信忽视自身的感受可以为自己赢得爱情

许多自我掌控者潜意识里认为，忽视自身的感受才有可能成为一个很好的人。当自私的父母对孩子的精力和注意力提出过高的要求时，他们会教孩子自我牺牲是最有价值的模范，内化的孩子可能会很认真地对待这样的教导。但这些孩子不知道，由于他们父母的以自我为中心，他们的牺牲太多了。有时，这些父母甚至用宗教思想来增强孩子们的自我牺牲的意识，这让孩子为自身的需求而感到内疚。宗教思想原本应该是用来丰富人的精神的，结果却被这些父母用来"教导"理想主义的孩子专注于关心他人，不顾自身的感受。

孩子们不知道如何分配自己的精力。家长必须教导他们应当考虑自身的需求，明白他们也需要休息，需要他人的尊重。例如，善解人意的父母会教他们的孩子注意和识别自身的疲劳，而不是在孩子需要休息时责怪孩子，让孩子感到很焦虑，觉得自己很懒惰。

不幸的是，情感不成熟的父母非常以自我为中心，以至于他们注意不到孩子正承受的巨大压力。他们更可能利用孩子敏感、善良的天性，而不是教导孩子合理使用它。如果父母不教他们的孩子学会自我照护，这些孩子成年后就不知道如何保持他们与他人的需求的平衡，这种健康的情感平衡对一个人来说是很重要的。

对自我掌控者来说尤其如此。他们太关注其他人的问题，以至于看不到自己的需求，忽视了情感流失对他们造成的伤害。此外，他们默默地相信做更多的牺牲和情感工作，可以改善不尽如人意的关系。因此，困难越大，他们越努力。

如果这让你觉得不合逻辑，请记住，这些愈合型幻想都源于孩子想要改善关系的想法。作为孩子的自我掌控者往往会扮演救护者的角色，他们觉得自己有责任去帮助别人，甚至到了忽视自身感受的地步。他们的治愈型幻想总是与这样一种想法有关：**这个问题得由我来解决**。他们不知道的是，自己已经承担了一项其他人都未做过的工作：改变那些不求改变的人。

对于自我掌控者来说，放弃寻爱是很难的，但有时他们会意识到，无法单凭一己之力改变另一个人对他们的感情。他们开始怨恨，并退出了这样一场角逐。当一个自我掌控者最终放弃做出努力时，其他人可能会措手不及，因为他们曾是那么的主动。

总结 ○ ○ ○ ○

自我掌控者对他们的感受非常敏感。因为他们非常渴望与他人建立情感联系，所以情感不成熟的父母的存在会给他们带来很多痛苦。自我掌控者有强烈的情感，但又不愿意打扰别人，这使他们容易被情感不成熟的父母忽视。他们过于在意别人，并且幻想自己能够改变他人对自己的感情和行为。他们很少得到别人的支持，最终会因在与人的关系中做了太多的情感工作却得不到足够的回应而心生怨恨和疲惫之感，然后退出。

在下一章中，我们将看到当自我掌控者的真实的自我觉醒并意识到自己付出了太多时，会发生什么。

第7章

崩溃与觉醒

o o o o o o

即使在我们深陷角色型自我和治愈型幻想时，真正的自我也会找到表达自己的方式。当人们处理好了他们童年的问题并发现自己的优点时，他们会开始更加自信地按照自己的本心生活。

本章讲的是人们在长期扮演不适合自己的角色后突然觉醒是怎样一种体会。这个觉醒的阶段往往起于失败感或者无力感。抑郁、焦虑、慢性紧张或失眠等这些症状都喻示着现实无法被轻易改变。此外，这些心理和生理上的症状其实是在警示我们需要回归自我，重视自身的感受。

什么是真实的自我

真实的自我（true self）的概念可以一直追溯到远古时代，当时大家普遍相信人类有灵魂。人类可以感觉到内在的真我（genuine inner self）的存在，这个内在的真我可以洞悉一切，但与外在世界的我们相距甚远。这种自我是我们独特个性的源泉，不受把我们塑造成角色型自我的家庭压力的影响。这种内在的自我有许多名字，如真实的自我、核心自我（Fosha，2000），但它们的意义却是一样的：人的内心深处说真话的意识。

你可以把真实的自我看成是一个非常精确的、能够自我感知的神经反馈系统，这个系统可以让人处在最佳的状态。这是我们作为人类所特有的。它是所有直觉的来源，比如对他人准确的第一印象。我们可以让真实的自我来指导我们过上适合自己的生活。

当与内心的真我趋于一致时，我们可以把事情看得更清，并感觉自己处于一种流动的状态。我们会变得专注于解决方案而非问题本身。当我们注意到自己内心真正的渴求时，一切似乎都变得可能了。我们还可能会获得意想不到的机会以及他人的帮助，而后变得更加幸运。

真实的自我渴望什么

你的真实的自我与一个健康而又充满活力的孩子有着相同的需求：成长、被理解、表达自己。最重要的是，真实的自我不断激励着你前进，好像你的自我实现是地球上最重要的东西一样。为此，它要求你接受它的指导和合理的愿望。它对你在童年时关于治愈型幻想或角色型自我有过何种绝望的想法毫无兴趣。它只想真诚地对待他人与自身的追求。

孩子们可以保持真实的自我，只要他们的长辈支持他们这么做。然而，如果因为展现真实的自我而受到批评或羞辱，那么他们可能会因为内心的真实需求而感到尴尬。孩子们认为通过假装成父母喜欢的样子可以赢得父母的爱。他们会选择让真实的自我保持沉默，然后听从角色型自我和治愈型幻想的指导。在这个过程中，他们与自己的内心和外在的现实都疏远了。

（练）习

觉醒：发现真实的自我

无论你是一个自我掌控者还是一个外物掌控者，如果你对自己最深的渴望没有意识，那么真实的自我会用情感症状来唤醒你，这样你才能够开始关心自己。真实的自我希望你可以在现实中获得内心的平静。但关键是，你要能够觉察出这些你体会到的痛苦所发出的信号。

这个练习将有助于你对真实的自我有更为清晰的认识。你需要一张纸和一支笔。把纸纵向对折，这样你每次只能看到半页，然后在纸的两半分别写上："我的真实自我"和"我的角色型自我。"

首先，翻到写有"我的真实自我"的那一半，然后回想一下你的童年，做到尽可能的深入和诚实。在你尝试变成其他人之前，你是什么样子的？在学会判断和批评自己之前，你喜欢做什么？如果你可以按照本心生活（不必担心钱），那么现在你的生活会是什么样子的呢？

我建议你回顾一下四年级以前你是什么人。你对什么感兴趣？谁是你最喜欢的人，你喜欢他们什么？闲暇时间你喜欢做什么？你喜欢玩什么？在你看来怎样才叫完美的一天？什么能够真正使你精神振奋？在"我的真实自我"这一标题下，想到什么写什么，不用考虑顺序。

当你完成这一列表时，把纸翻到写有"我的角色型自我"的另一半。开始思考作为成年人，你必须成为一个怎样的人。你做过哪些自己不感兴趣的事？为了让你觉得自己是个好人，你让自己做过什么事？在相处时，有没有人消耗你的精力，让你感到筋疲力尽？你做过哪些让自己觉得无聊的事？你为了什么事把自己批评得最严重？你觉得什么样的感情会让自己觉得很内疚？闲下来的时候，你会让自己做想做的事吗？你在试图掩盖自己的哪些性格特征？什么是你乐于被人所忽视的？

当你完成以后，把纸拿走，几天后再把它拿出来，打开并展平，比较一下你在两边所写的内容。看看你现在的生活是遵循自己的本心，还是受角色型自我掌控。

崩溃—觉醒

当角色型自我和治愈型幻想给一个人造成的痛苦超过其带来的利处时，人便会崩溃。大多数心理的成长都说明了一些关于我们生活的令人痛心的事实。心理治疗之类的事情只是帮助我们认识我们早已知道的事情。当你崩溃时，你可以问问自己，到底是什么真正地崩溃了。我们通常认为是我们的自我在瓦解，但实际是我们为否认自己的情感所作的斗争失败了。情感创伤使得一个人越来越难以保持情感的麻木，同时也意味着我们将会在自己所有的经历中发现真实的自我。

真实的自我希望你能看到真正发生的事。它一直在试图唤醒你，因为它希望你不要再相信你的情感不成熟的父母，他们并不知道什么对你来说才是最好的，他们也不知道扮演角色型自我远远不如做真实的自己。它也绝对不希望你靠幻想来指引自己的生活方向。

发展心理学家让·皮亚杰观察到，人们要学到新的东西，必须打破旧的心智模式，并与新的知识重新融合（1963）。这一打破与重新融合的过程是让智力发展持续进行的关键。波兰的精神病学家卡齐米日·达柏斯基持有相似的观点：情感创伤不一定是病，可能是成长的一个标志。他认为心理症状源于人们对成长的强烈渴望，他创造了术语"积极的分解"来形容人们打破旧有的心智模式，进行重组后使其情感变得更为复杂的过程。

达柏斯基注意到，由于这些情感剧变，有些人能够使他们的个性得到发展，有些人则会变回到原来的那个样子。他观察到，在经历过情感剧变之后，心理上无意识的人不太可能改变太多。而其他人似乎把这些痛苦的经历当成认识自我的机会，同时也学会了如何应对类似的情况。达柏斯基认为后者更具发展潜力，他们将来会更具竞争力，也更加自治。

达柏斯基认为那些能够容忍消极情绪的人往往有最高的发展潜力，同时他们会把负面情绪当成人的心理发展的驱动力，因为这些痛苦的情感造成的不适会驱使雄心勃勃的人们去找到解决方案。面对困难时，这些具备发展潜力的人不会逃避或者采取防御心理，他们会借此来对自己和现实产生更加深刻的认识。为此，他们愿意进行自我反省，即使这会带来让他们痛苦的自我怀疑。虽然这个自我检查的过程可能伴有焦虑、内疚或抑郁症等不良反应的产生，但解决完这些深层次的问题，最终会使一个人的个性变得更加强大、更具适应性。

艾琳的故事

我的客户艾琳在达柏斯基的思想中得到了启发。她是一个有洞察力的女人，在过去的几年里，她从心理治疗中获益匪浅。对学习的热爱使她想了解自己和其他人，但她的家人认为她有些不正常。

艾琳在谈了一场让她很受伤的恋爱后来寻求治疗，她的家人认为她很可笑，还称她为"病人"。他们不理解艾琳其实是在把她所受的情感痛苦当作帮助她成长和认识自我的工具，他们不知道她为什么要浪费这么多时间和金钱去反复谈论过去的事。

艾琳知道她来治疗是正确的选择，但她担心也许自己确实是家里的病人。在某种程度上，她懂得的其实比家人更多，因为她的父母不成熟、意识冲动、总是避免情感亲密。但她仍然觉得奇怪，为什么她是家里唯一认为自己需要寻求帮助的人。

理解达柏斯基的"积极的分解"的思想后，艾琳开始把自己的不幸当作成长的痛苦。在了解了达柏斯基的成长理论后，她是家里唯一一个愿意探索自己的痛苦来寻找一种更健康的生活方式的人，她为此感到很自豪。

从角色型自我中觉醒过来

人们常常在成年后依然扮演着他们童年时的角色型自我，因为他们相信这样才安全，也是唯一能让自己被人接受的方法。但当真实的自我开始发挥越来越大的作用时，人们往往会因为突如其来的情感症状而觉醒过来。

弗吉尼亚的故事

当弗吉尼亚觉得自己受到了专横而又喜欢评判的哥哥布瑞恩的批评时，她从恐慌症中觉醒过来。弗吉尼亚一直很在意别人对她的看法，以至于对她而言，社交变成了察言观色的费力的比赛，时刻担心被人拒绝。在工作中，她也依然如此。弗吉尼亚来接受治疗，是为了能控制住自己的恐慌情绪，但她最终也认识到，童年时期的自己是多么的不被人接受。

通过治疗，弗吉尼亚发现布瑞恩和已故的父亲对自己有同样的否定态度，他总是让弗吉尼亚感觉自己很无能，不值得别人爱。她开始明白自己的社交焦虑其实是童年时期所扮演的角色的反映，那时她总是试图赢得她那挑剔而又轻蔑的父亲的爱，却始终未能如愿。她潜意识的治愈型幻想是，终有一天她会足够"正确"，从而得到父亲的认可。在她父亲的智慧而又强大的形象前，她不自觉地扮演了恐惧而且有缺陷的孩子的角色，现在的布瑞恩是父亲的替身。

弗吉尼亚的焦虑暗示着，她开始怀疑童年的信条，开始觉得权威未必永远是正确的。她告诉我："如果有人对我表达了任何不快，尤其是男人，我会吓得不由自主地认为一定是我做错了。"但现在，她能够把自己与布瑞恩的关系看得更为透彻："我一直把他当作是可以崇拜的偶像，就如同对待上帝一样。他不在乎我，但我会让他决定我的感受。我一直很在意他的意见，但现在我越来越独立了。我觉得自己现在正在学习如何成为一个独立的人。"

倘若没从恐慌症中觉醒过来，弗吉尼亚现在可能还带着自嘲般的焦虑在看别人脸色行事。这次觉醒让她意识到，在孩童时期被灌输的男性至上的思想未必正确，这种思想成年后依然摧残着她的自尊。当她意识到自己没必要和布瑞恩联系时，她也就不再扮演那个弱小而困惑的小女孩了。她也终于明白了自己对父亲和哥哥的真实感受了，是他们让她变成了家里最不重要的一员。现在这个咒语被打破了。

(练)(习)

把你自己从自我挫败的角色中解放出来

你认识的人中有没有人会让你觉得很不安，觉得自己很渺小？花点儿时间写一段对这个人的简短的个性描述。接下来，想想你在那个人身边会如何表现，然后写一个简短的描述，描述你与这个人相处时扮演的角色型自我。看看是否有一个治愈型幻想正驱使你不惜一切代价来让这个人接受你。你为了让这个人对你的态度发生改变花了多少时间？你认为自己可以继续扮演这个不适合你的谦卑的角色么？你准备好重新审视自己，不再把这个人和其他人区别对待了吗？

唤醒你的真实感受

有时放弃"我们要如何赢得爱"的治愈型幻想，意味着我们必须面对身边的人的态度转变。我们中的许多人往往会因为觉得自己不被接受而感到内疚和羞愧。我们相信，抑制这些感情是成为一个好人的唯一途径。然而，如果我们把真实的情感压制得过久，这些情感依然可能冒出来，并迫使我们停下来看看到底出了什么问题。

泰蒂的故事

泰蒂很感激她以前的内疚心理。她出生于一个未婚妈妈的家庭，她的母亲卡加莎靠做家务活来维持母女俩的生计。卡加莎从瑞典来到美国，就是为了给自己的孩子创造更好的生活。她省吃俭用，只为让泰蒂得到良好的教育。泰蒂非常努力地学习，没有辜负母亲的期望，最终获得了平面设计专业的高等学位及奖学金。她在学业快结束的时候找到了我，那段时间她觉得非常的沮丧。虽然她仍然能够继续学习，但每天早上起床她都要经历一番思想斗争。她一下床，立刻就想爬回被窝里。

我们为此给她母亲打了几个电话，在泰蒂快要完成学业的时候，卡加莎变得越来越暴躁，越来越爱抱怨。卡加莎的情绪变得很激动，时不时跟泰蒂说在被泰蒂的父亲抛弃后，她是如何来到美国，含辛茹苦地把泰蒂抚养长大。每一次谈话，卡加莎都会抱怨身体的病痛以及最近做了对不起她的事的人。泰蒂深表同情，并且觉得自己欠了母亲很多，但母亲的抱怨让泰蒂有点儿心力交瘁，好像她说什么都帮不了母亲。

我问泰蒂，当卡加莎拒绝她的同情并继续抱怨时，她有何感受。起初，泰蒂只会因为不能让她母亲好受些而感到内疚，而且会觉得自己是一个坏女儿，因为自己在享受着生活，母亲却过得很痛苦。但我不断问她，听到母亲的声音时，她的真实感受是什么，泰蒂开始倾听自己心里的声音。得知自己的真实感受后，她看起来有点儿震惊："我不喜欢她。"她低声说道。

这种情感对泰蒂而言很真实，泰蒂童年时期一直有着治愈型幻想，幻想自己能给母亲足够的爱来弥补母亲这些年的艰辛，但这种幻想一直和她的真实感受相互冲突。对母亲过度的内疚和感激之情让泰蒂无法去关照自己的真实感受。卡加莎为家庭牺牲了一切，因此泰蒂给予她所有的关心似乎是理所应当的。当泰蒂开始不满她母亲没完没了的抱怨时，她觉得很内疚，久而久之，这种内疚把她莫名的怒气转变成了沮丧。

当泰蒂接受了自己对母亲的真实感受后，她变得更沮丧了。但最后，泰蒂知道了自己并不喜欢母亲，这让她从原有的束缚中解脱出来了，她依然感激母亲。她知道自己仍然可以与母亲保持联系，但可以不必再假装了。

（练）（习）

看看你是否掩藏了你的真实感受

无论何时你感到特别焦虑或情绪低落，都可以做这项练习。在那样的时刻，你可以问问自己是否隐藏了一些感情。想想你最糟糕的时候，这种时刻是否和某个人有关。（根据我的经验，人最不愿意承认的感情有两种，一是害怕某人，二是不喜欢某人。）

当你想把自己对这个人压抑的情感付诸字面时，我建议你用四年级学生的口吻，使用简单、清晰的句子来表达你的感情。此外，我建议你在一个私人的地方做这件事，这样你就不必担心别人的反应了，然后大声说出（或小声说）你的真实想法。你可能会用"我不喜欢别人_____"这样的句子来描述他们的行为。当你触及自己的真实感受时，你会感觉到身体上有一种解脱感。不要让内疚影响你的想法。你只需对自己说这些话，只为发现自我。没人能听到你说的话，你大可放心。

有些人认为要使问题得到解决，应该和另一个人正面对峙，但我认为这样做往往会适得其反。如果你刚刚开始了解自己的真实情感，太快说出自己的感受可能会让你感到很焦虑，更别说这么做还有可能导致对方的激烈反应了。如果愿意的话，你之后随时可以跟这个人说话，但这之前你先要能够理解自己的真实感受。要清楚一点，告诉另一个人并不能帮到你，了解你自己的真实感受才能帮到自己。简单地承认自己的真实感受并把它们大声说出来，可以使你的情绪得到极大的平复。

唤醒你的愤怒

愤怒是一种个性的表达，情感不成熟的父母经常因为孩子的这种情绪惩罚他们。但愤怒对人来说有时是有益的，因为它能让人们改变行事方式，让他们知道自己的坚持是值得的。当过于负责、焦虑或沮丧的人开始体会到真正的愤怒时，这往往是个好兆头。这表明他们真实的自我已经回归了，他们开始关心自己了。

杰德的故事

由于自己经常生气，杰德常感到过意不去，尤其是因为她的愤怒往往是针对自己父母的。多年来，她一直认为只要假装没有那些感受就好了。但在心里，杰德担心她是一个毫无缘由就生气的不满现状的人。

但似乎是她情感不成熟的父母对她的忽视导致了她心里积压多年的怒气。当杰德认识到自己的情感需求被父母忽视了，她对自己的愤怒有了新的见解："现在如果我不生气，那才是真的有问题！可以让我生气的原因太多了，我的愤怒是来自内心的真我。我不想自欺欺人了。勉强与父母相处真让人觉得失望，和他们在一起的时候，我完全就是孤立的。"

　　杰德接受了自己的愤怒，也第一次清晰地看到了她的治愈型幻想。她认为自己可以通过爱来改善这个家庭。她是这么说的："我想让每个人都好。我以为每个人都彼此爱着对方。我太天真了。我以为如果你对人好，他们也会这么对待你。我想我的父母会真的爱我，我的弟弟和妹妹可能会关心我感兴趣的东西。但现在我知道了，我需要做自己觉得正确的事，并且相信自己。我真的很喜欢自己的公司。我不想再浪费我的时间了。我希望可以找到值得我信任的人。我不想再和那些疏远或不支持我的人有太多联系。我会对他们很亲切，很有礼貌，但不会靠近他们，我不想失望。"

开始多关心自己

　　自我掌控者向来不知道照顾自己。他们总觉得所有问题都得靠自己来解决，当他们忙于那些本不必做的事情时，往往会忽略身体的疼痛和疲劳，最终影响自身的健康。

莱娜的故事

　　尽管莱娜尽力让事情简化，但她仍然觉得生活充满压力。她总是觉得自己时间不够用。就像不停有人在她的耳边在催促她要不断努力，说她现在付出的努力是不够的。即使是弹钢琴这种本应该很轻松愉快的事情，在她那里也变成了马拉松赛跑，她总是强逼自己克服懒惰，竭尽全力。直到把自己的精力耗尽了，她才罢休。

她的生活除了狂热的工作，就是不断满足别人的需求，甚至对在院子里养的宠物，她都照顾得无微不至。如果一株植物因为没有浇水而略显枯萎，她都会倍感内疚。

莱娜报了一个健身班来帮助自己减压，她试图跟上大家的节奏，把一切做到完美，结果却把自己累坏了。在上课的过程中，她告诉自己："这对我来说就是小儿科，我应该能够做到的。"第二天早上醒来时，她发现自己的大脑和身体似乎有点儿不大听使唤，她试图在地上走几步，但她的腿很疼，几乎抬不起脚，这时她才意识到昨天有点儿用力过猛了。

莱娜长期忽视身体的疲劳，她那苛求的母亲反而帮助她养成这样的习惯。小时候如果她不把事情做得够快或不够努力，母亲就会责骂她懒惰。因此，她从未按自己的节奏做过任何事情，对自己的身体极限也毫不在意。

莱娜渐渐开始相信，做一个好人意味着，即使没有准备好或者生活有些失衡了，也要不断驱使自己去实现所有的目标。在追求母亲的认可和爱的过程中，莱娜已经形成了一种信念，就是她只有非常努力，才能配得上一些东西。莱娜童年的愈合型幻想是：有一天她那苛求的母亲在看到莱娜付出了巨大的努力来取悦自己后，会开始体谅她、欣赏她。

社会很鼓励莱娜这种做所有事都竭尽全力的行事风格，宣扬"尽你的全力""永不放弃"或"做到最好"这样的准则。对于一个像莱娜一样的人，这样的信念如同心灵的毒药。其实没有必要时刻尽你最大的努力。劳逸结合才是更为明智的做法。幸运的是，意识到治愈型幻想对她造成的伤害时，莱娜开始重新审视自己的价值观，并考虑自己的需求。

因关系破裂而觉醒

关系问题很容易让人觉醒。鉴于我们将童年学到的处世方式照搬到了复杂的成年人的关系中，如此多的人因为关系问题来接受治疗也就不足为奇了。由于亲密的成人关系总是充满情感纠葛，所以他们往往会因为情感需求得不到满足而矛盾不断。我们常常把父母的问题和伴侣的问题混淆在一起，然后我们可能会对伴侣更加生气，因为在无意识的状态下，伴侣总能让我们想起过去经历的种种，而非现在正在发生的一切。

迈克的故事

工时削减和离婚让迈克变得几乎身无分文，他的人生顿时跌入谷底。在他人的眼里，他的人生是很成功的，他的妻子和母亲更是这样认为。现在，他在治疗过程中开始逐渐认识到自己的价值观，开始认识真实的自我。同时，他也开始欣赏自己真实的一面，包括独特的优点和天赋。

迈克反思着自己的过往，他说："以前我做决定的时候总是考虑其他人的需求，不大会考虑自己的感受。35 年来我一直是这么做的，包括忍受无爱的婚姻，这场婚姻真的没有什么可说的。但也许我早就希望这一切会发生。我被打了，被羞辱了，现在我又要被解雇了，但我告诉你，我真的很高兴。"

尽管迈克损失了很多，也经历了失望，他还曾幻想如果自己不惜代价地照顾别人，就可以得到别人的爱，但他现在终于可以放下自己的治愈型幻想了。他因离婚而背负的巨大的债务便说明了他为那些幻想所付出的代价。

迈克认识到了自己为了被他人接受，曾经历了怎样的绝望。他说："我不认为我和其他人一样好。"然后他看着我，笑了笑，问道："如何定义一个成功的人呢？"接着，他自答道："我想，首先你要摆脱'成功'的束缚，然后你得清楚自己是谁。"

不再把他人理想化

父母比我们更聪明、比我们了解得更多，也许是我们最难摆脱的幻想之一。孩子们看到父母的缺点可能会感到很尴尬，甚至是很害怕。即使是成年人，也会尽可能避免看到父母不成熟的一面。对父母的局限性保持天真的态度比客观地看待他们的局限性要容易得多。也许在潜意识里，我们很想保护父母脆弱的一面。

帕齐的故事

我的客户帕齐显然比她冲动的丈夫和她暴躁的母亲要成熟得多，她的母亲一直跟她住在一起。然而，当我发现帕齐似乎是她的家里最成熟的人时，她好像有些难以接受。"哦，我不喜欢这么想！"她反对道。她说这样的想法会让她觉得自己不忠诚，她不认为自己比其他人特殊或优越。

虽然谦虚是一种很好的品质，但这并没给帕齐带来任何好处，因为她用它来忽略一个很明显的现实。把丈夫和母亲理想化并没有帮到她，否认自己的优点同样也没有帮到她。一旦帕齐能够接受她比丈夫或母亲更成熟，就可以更加客观地看待自己的行为。她不再把他们所不具备的优点归在他们身上，同时也开始意识到他们的局限性。过去她总假装自己不够好，以便衬托他们，但现在她不再浪费精力这么做了。

认识你的优点

有意识地欣赏自己的长处对人来说是很重要的。不幸的是，情感不成熟的父母的孩子通常不太懂得欣赏自己的优点，因为以自我为中心的父母缺少发现孩子优点的能力。因此，考虑自己的优点往往会让这些孩子感到不好意思。他们习惯了夸赞别人，并且担心如果认识到自己的优点，会让自己变得骄傲自大。

然而，知道你有什么优点并能够清楚地把它们表达出来是很重要的。这能帮助你认识自我，让你乐于为这个世界贡献一些东西。这种自我认知可以提高人的积极性，使人保持较好的精神状态。谨慎和谦虚可以让你保持对事情的客观态度，但他们也可能让你不了解自己最好的品质。

建立一套新的价值观

身为家庭治疗师和社会工作者的迈克尔·怀特发明了一种被称为叙事疗法的心理治疗法（2007）。在他看来，意识到生活中种种情节所包含的意义和目的对人们来说是很重要的。在了解客户的生活故事的过程中，治疗师会注意到那些客户所倚重却被自己忽视的价值观，接着治疗师会请他们调整生活的指导原则，更有意识地选择新的价值观。

阿隆的故事

阿隆具有典型的沉默人格，他从不故意表现自己。长大后，他喜欢上了戏剧和表演，但他从来没有主动要求过一个角色或更多的戏份。他认为如果宣传自己，会显得自己要求过多，他还觉得表现自我是一个缺点。

然而，已经成年的阿隆开始发现，他这么做往往会让其他人抢占先机。此外，其他人还经常利用他的才华，却不感激他。他总希望权威人士会自发地发现他的潜力，这就是他的治愈型幻想，但并没有实现。所以他决定建立新的价值观，去追求自己想要的东西，开始积极地寻找机会，开始考虑改变自己

的工作，他说："过去，我一直不愿意这么做，但现在不一样
了。"他终于对自己有了一个全新的认识。

摆脱童年的阴影：觉醒

摆脱童年阴影是不再重蹈覆辙的最有效的方式。我说的"摆
脱"，指的是直面痛苦现实时的心理过程和情感过程。你可以把它
想象成打破大到难以吞咽的东西的过程：你咀嚼它，直到它成为
你可消化的一部分，成为你可以面对的历史。

研究表明，人们是否深刻体会了所发生的事情，比事情本身
更加重要。表现出稳定依恋行为的孩子，在研究者对其父母的特
点进行研究时发现，这些能给孩子带来足够安全感的父母非常愿
意回忆和谈论自己的童年（Main，Kaplan，and Cassidy，1985）。
尽管有些父母的童年生活非常艰难，但他们与孩子之间的关系很
稳定。他们会花时间思考并"消化"自己童年的经历，乐观地看
待自己的过往。

所以，我们很容易理解为什么其孩子的依恋行为如此稳定。
因为这些父母并没有回避现实，他们已经处理好了过去的问题，
可以和孩子建立稳定的情感联系。

总结 ○ ○ ○ ○

即使在我们深陷角色型自我和治愈型幻想时，真正的自我也会找到表达自己的方式。当人们长时间忽视真实的自我的存在时，他们可能会出现一些心理症状。在我们意识到真实的自我的需求时，起初可能会觉得很崩溃。我们所经历的恐慌、愤怒和沮丧都可能暗示着我们需要多关心自己，建立更加健康的价值观。当人们处理好了他们童年的问题并发现自己的优点时，他们会开始更加自信地按照自己的本心生活。

在下一章中，我们将探讨如何利用这种新的客观现实和自我意识，以一种新的方式与情感不成熟的家庭成员沟通交流。

第8章

如何避免被情感不成熟的
父母影响

○ ○ ○ ○ ○ ○ ○

　　小时候我们很依赖自己的父母，这让我们渴望得到他们的爱和关注。但是，如果我们不想在成年后的关系中还重复扮演童年时的角色型自我，就必须与这个角色保持距离。

人无完人，我们的父母也不例外。作为孩子，我们觉得父母无所不能，虽然我们的青春期和成年后的独立自主会削弱"父母全能"的观点，但这种观点也无法完全根除。因此，就算父母无法精心呵护我们，我们也会一厢情愿地认为只要他们想去做，就可以做到。

特定的文化传统也会使我们无法看清自己的父母，文化传统给我们中的大多数人灌输了以下观念：

○ 所有的父母都爱他们的孩子。

○ 父母是你唯一能信赖的人。

○ 父母将永远支持你。

○ 你能把一切都告诉父母。

○ 父母无论如何都会爱你。

○ 你随时都可以回到家中。

○ 父母只会考虑什么是对你是最好的。

○ 父母比你自己更加了解你。

○ 不论父母做什么，他们都是为了你好。

但是如果你的父母情感不成熟，以上的很多情况都是不成立的。

在这一章中，我将帮助你透过童年的期望和文化假设来更加准确地理解在这些观念之下的真实的父母。你将学到一种新的与父母相处的方式，使你不再期望那些他们无法给予的东西。你将学会通过一种更加中立的方式去接近父母，捍卫自己的情感和个性，对于父母来说，他们情感上也更能接受这种方式。首先让我们来了解一些常见的幻想，正是这些错觉使我们无法与父母真实地交流。

幻想父母会改变

情感不成熟的父母的孩子有一个共同的幻想：父母终将改变他们的心，并对自己表达爱意。然而现实是，那些过于以自我为中心的父母往往会拒绝所有他们应当承担的责任。相反，这些父母可能会沉浸在自己的治愈型幻想中，并期待他们的孩子来弥补他们的童年缺失。

为了追求父母的爱，许多人像觅食的小鸟一样围着父母转来转去，试图得到像面包屑一样微不足道的积极回应。成年后，这些孩子为了改善与父母的关系，常常会去学习各种交流技巧。他们认为自己总会掌握特别的技巧，使父母愿意和自己进行互动。

安妮的故事

安妮的母亲是一位有强烈宗教信仰的女性，但她的情绪很迟钝，在安妮的童年时期，母亲有时会对她进行身体和精神上的虐待。尽管安妮接受了很长时间的治疗，但在安妮的工作表彰会上，在安妮的一众同事面前，她母亲对她说了一些贬损的话，这让安妮几近崩溃。安妮在情感上受到了巨大的伤害，在朋友面前也感到十分尴尬，如此公然的侮辱使安妮想起了母亲平常那些不合时宜的评论。但是安妮的母亲从不承担责任，坚决否认自己的言行有什么问题。

在接下来的几天内，安妮一直试图让母亲理解她所受的伤害。安妮最终写了一封信给母亲，告诉母亲她的感受，并要求与母亲坐下来好好讨论这个问题。安妮在信中清晰地倾诉了自己的想法，并希望母亲能为这么多年来的冷漠道歉，但是安妮的母亲没有做出任何回应。她们之间隔着巨大的鸿沟，安妮难以接受她的母亲竟然如此冷淡。

"我想对她说，'我'是你的女儿，"安妮啜泣道，"那些杀人的刽子手，他们的母亲仍爱他们。我们是家人，她是我的母亲，她怎么能把关系弄成这样？"

这并不是安妮第一次试图在情感上接近自己的母亲。在接受治疗后，不论父母如何刻薄或不尊重安妮，安妮总会仅利用健康的方式表达自己的感受并处理问题。尽管安妮的母亲还像往常一样不顾安妮的感受，但为了能见到安妮的三个小男孩，她依然和安妮保持着联系。但这一次不一样了。

"我无法接受的是什么回应都没有，哪怕是愤怒，"安妮说，"我所想要的不过是她对这个问题做出一些回应。"

除了受到伤害，安妮还感到很困惑。尽管母亲拒绝回应她，但安妮知道母亲善于社交，并能够对他人展现出善意和关怀，安妮理解那些关系只是些表面文章，但认识到这一点并没有解决她自己的问题。"你可能会觉得我的母亲有改善我们之间的关系的自然渴望。"安妮的脸上浮现出悲伤和疑惑的神情。

安妮因为母亲没在情感上支持她而感到难过悲伤，治愈这种伤痛需要时间。但她明白，自己对母亲的这种诉求会使事情变得更糟，但如果不把话说清楚，问题永远得不到解决。安妮感到非常困惑。她为修复和母亲之间的关系竭尽全力：清晰地沟通，提一些合理请求以及坦白自己的感情。安妮想知道如果不谈论这个问题，她们之间的其他事情如何才能处理好。

"安妮，"我说道，"你做了很多正确的事情，并试图和母亲建立情感联系，你希望和她保持亲密关系，这一切都讲得通。但我觉得你的母亲可能无法忍受你的这些做法。你的母亲认为你的诉求是对她平静生活的巨大威胁，因为她已经这样生活了很多年。她更不能接受你的坦白直率。这就好像你母亲患有蛇类恐惧症，而你在她的床铺上时不时放出肥大的蠕动的蛇，不论这个举动对你来说多有意义，她都无法忍受你这样做。"情感亲密需要人具备一定的情感成熟度，但安妮的母亲不具备这些。同时，母亲的冷漠使安妮感觉自己像被感情绑架的人质，只有母亲开心的时候，安妮才能被"释放"。

我告诉安妮，不再和母亲谈论母亲的错误之举和对安妮的伤害，才是使她的母亲改观的唯一方法。安妮需要独自改变这种境况，无须母亲的参与。我向安妮解释，她可以和母亲保持联系，但绝不是她所期盼的那种亲密关系。安妮最好的选择不是寻求亲密关系，而是把握好她与母亲之间的互动。

安妮接受了我的建议，但仍旧感到些许困惑。她记得在自己小时候，母亲去见她外婆时，外婆十分抵制母亲，母亲觉得外婆很冷淡、不爱她，拜访结束后，安妮的母亲独自啜泣着，除了安妮，没有人来安慰她。安妮说："她现在怎么也这么对自己的女儿呢？你可能会认为她承受了这种冷漠的痛苦后，不会这样对待自己的女儿。"她说得对，但是安妮的母亲只是把这种痛苦传递给了自己的后代，如同那些试图压制童年所受痛苦的人的做法。

安妮迫切地希望能在母亲同意下结束母女关系，她也不会再问自己，母亲是否是她乐意与之相处的人了。

建立一段新的关系

本章接下来的内容讲的是，如何通过改变你对关系的期望值，少回应，多加观察，来与情感不成熟的父母以及其他人相处。这里有三个关键步骤能够让你从与不成熟的父母的关系中挣脱出来：独立观察、成熟的意识、摆脱角色型自我。

独立观察

获得情感自由的第一步是评估你的父母是否属于情感不成熟的那类人。鉴于你仍然在读本书，那么你可能已经发现自己的父母至少有一位具有那些情感不成熟的特征。那类父母可能永远不符合你童年时对有爱的父母形象的期望。你唯一可以实现的目标就是按照自己的本心生活，不再扮演角色型自我来取悦父母。你无法说服父母，但能拯救自己。

从我自己对这项工作的理解来看，我非常感谢家庭治疗师莫瑞·鲍文 1978 年提出的家庭系统理论，这项理论描述了情感不成熟的父母是如何与他人陷入情感纠葛的。这里提醒一下，这种纠葛的产生通常是因为父母不尊重别人的边界，把自己未能解决的问题强加在孩子身上，同时对孩子的生活大加干涉。在被情感不成熟的父母控制的家庭中，家庭成员会扮演各自的角色，陷入纠葛之中，来使家庭成员保持"亲密"。当然，在这类家庭中，没有真正的沟通与情感亲密。没有人会因为展现真实的自我而得到认可。此外，在充满纠葛的家庭中，如果和某人有矛盾，你不会直接找此人和解，而是向第三方谈论此人。鲍文称这种方式为"三角战术"，他认为这种纠葛如同胶水一样，把家庭成员紧紧地粘在一起。

针对一些家庭成员，鲍文也探究了改善这种境况的方法。他发现观察和情感独立可以使个人远离这样的家庭体系。当人们保持中立的态度观察时，就不会被其他人的行为伤害或因此陷入情感困境了。

保持观察

和情感不成熟的人交流时，如果你能保持冷静客观地进行思考，就不会做出过于情绪化的反应，你会更加专注而不受他们的影响。首先，将自我放入观察的、超然的思维框架之中。有很多方式可以帮助你做到这一点，比如你可以缓慢地数着自己的呼吸，按顺序有条不紊地放松、收紧肌肉群，或者想象一些使人宁静的画面。

接下来你要做的是像一个科学家一样，保持情绪的客观冷静，观察他人的行为举止。假装你在做考古研究，用什么词来描绘他们的面部表情？他们的肢体语言又传达出何种信息？他们的声音是紧张的还是镇静的？他们表现的是强硬的还是宽容的？当你尝试沟通时，他们是如何回应的？你自己的感受又是怎样的？你在他们身上能否发现第 2 章和第 3 章中所描述的情感不成熟的行为？

如果你在观察父母或所爱的人时变得情绪化，说明苦恼触发了你的治愈型幻想。你又重新陷入了得不到他们的认可就不快乐的处境。如果陷入一种认为自己能使他人改变的幻想之中，你会感到很虚弱，容易受伤，非常忧虑，非常需要他人的帮助。这种令人极端不适的感受表明，你在做出回应时应当摆脱情绪化的模式，采取观察的模式。

如果你发现自己变得反应敏感，就默默提醒自己"抛开情绪"，以确保用言语理智地描述他人（默默地告诉自己就好）。在充满压力的互动中，这种内心的暗示可以使你集中注意力。在你寻找准确的词汇来描述某件事的时候，此举能转移你的注意力，使你不再沉浸于情绪化的反应中。默默地描述自己的情绪化反应，同样能让你变得更为客观，能更加冷静地看待事物。

如果某人总是使你烦心，那就找个理由与此人保持距离。不要待在房间里，你可以去上个厕所，和宠物玩闹，散散步，跑跑腿，或把目光投向窗外，看看大自然的美景。若你在电话上与人沟通，那么找个借口挂断电话，说你期待下次再谈。无论用什么借口，让自己回到更加客观冷静的观察者的视角。

如你所见，保持观察者视角是一个非常积极的过程，一点儿也不被动。这也是脱离情感纠葛的捷径。你观察得越多，就会变得越强大，更加自信，而且你对情感不成熟也会理解得更深。你不再是那个受父母肆意抨击蹂躏，感到无助沮丧的孩子。不论他人做了什么，清晰的思维和观察的态度都会使你强大。

关联 vs 关系

观察可以让你在与父母或所爱的人相互关联的过程中，不被他们的情感策略所困扰，也不会受他们对你的期望控制。关联有别于关系。在相互关联中，双方会沟通，但对情感交流没有过高要求。只要不触犯对方的底线，交流便可以进行下去。

与之相反，建立一段真正的关系意味着要对彼此开放，和对方保持情感互惠。如果尝试与情感不成熟的人建立亲密关系，你会感到沮丧无力。如果你向这类人寻求感情上的理解与支持，你的内心可能会不平衡。和这类人建立关联可能更合适，然后把对亲密关系的期望留给那些能给予你情感回馈的人吧。

成熟意识法

如果你把关系暂时放在一边，进入观察者的状态，你就能把自己的注意力放在成熟意识上。通过观察他人的情感成熟度，来使你从痛苦的关系中获得情感自由。大致估计和你交流的人的情感成熟度，是在任何互动中保护自己的最好方式。一旦你确定了对方的情感成熟度，对方的行为也就变得更加容易预测、更能理解了。

如果你按照第 2 章和第 3 章的描述已经确定了对方的情感成熟度，下面有 3 种方式可以让你在与他人交流时保持平和的心态：

1. 表达之后就不再把事情放心上。

2. 专注于结果，而非关系。

3. 不要与对方建立密切关系，要善于控制。

表达之后就不再将事情放心上

以一种冷静而公正的态度告诉对方你想要说的，不要试图控制结果。直接表达你的感受或者你想要的，享受自我表达的过程，对方是否认同、是否会因此做出改变，你都不要再去介意。你无法强迫他人去理解你。关键是要做到在这个过程中对自己保持一种良好的感觉。他人也许不会给你想要的回应，但是这无关紧要，真正重要的是你清楚地表达了自己真实的想法和感受。这个目标是可以实现的，是在你的掌控范围内的。

专注于结果，而非关系

问问你自己，在和他人的交流中，你真正想要的是什么。诚实一些，如果交谈对象是你的父母，你想要的是父母倾听你、理解你，为他们的行为忏悔，还是希望他们向你道歉，做出一些补偿？

如果你的目标是改变父母的心意，那么就此打住，并好好想想其他明确的、可操作的目标。记住，你不能期待不成熟的、患有情感恐惧症的人做出改变。你只能为彼此的交流设定一个明确的目标。

确定每次交流中你想获得的结果，然后将其设为目标。下面有一些示范："尽管很紧张，我还是要向母亲表达自己的想法""我必须和父母说圣诞节我不回家了""我希望父亲对我的孩子说话和气一些"。你的目标可能就是表达自己的感受。虽然你不能要求他人理解你，但你能够请求他人倾听你，这完全可以做到。你的目标可能非常简单，比如就感恩节在哪里吃晚餐和家人达成共识。总之，关键是在每次交流中，你都清楚自己想要的结果是什么。

让我再解释得清楚一些：专注结果，而不是关系本身。一旦你把重心放在关系上，并总想从感情上提升或改变你们的关系，那么你和情感不成熟的人的互动就会恶化。对方会避免与你有情感交流，甚至还会试图控制你，以便让你停止对他们的干扰。如果只专注于具体的问题或结果，你更可能接触到他们成熟的一面。

当然，如果你是在与一个有同理心的人相处，交流感情问题是非常健康的。和情感成熟的人在一起，你可以表达自己真实的感受，他们也会与你分享自己的感受与想法。只要双方在情感上都足够成熟，这类明晰又亲密的交流就能增进你们对彼此的了解，促进你们的情感。

不要与对方建立密切关系，要善于控制

比起与不成熟的人进行情感交流，掌控好你们交谈的时间和主题也许是更好的选择。你需要不断调整、引导你们谈话的方向。记住要有礼貌，如果有需要，可以多次提问，直到你得到明确的回答。情感不成熟的人一般耐不住别人的坚持。如果你不停地问他们同一个问题，他们可能就不会试图回避或转移话题。提醒一

下，注意管理好自己的情绪，不要反应过激，你可以按我们之前提到的方法来做到这一点。

关于成熟意识法的一些常见问题

第一次听到这种方法的人可能对此有一些疑虑，尤其是在与父母交流中使用这种方法，更让他们有些担心。下面列出了他们的一些担心，我们一一都回复了。

担心： 这个方法听起来很无情而且效果不佳。和我的父母在一起时，我不想时时刻刻都这么费劲。

回复： 如果和父母相处得很好，你可以享受这种关系，没必要使用这种方法。但是如果你们的关系很不愉快，你常常表现得很情绪化、易怒、很失望，那么你最好还是学会客观地观察，掌控好你们之间的互动。你并非是无情，只是专注于维持你们的情感平衡。

担心： 如果在思想上和父母保持距离，我会感到很愧疚，觉得自己不坦诚，我想要和他们开放而自然地相处。

回复： 客观地观察并不意味着你不坦诚或虚伪，这仅仅代表着你想把自己从伤害每一个人的情感旋涡中拯救出来。作为一个成年人，你想要独立思考，其中就包括持中立的态度与他人交流。有清晰的自我意识并不代表你不忠诚。

担心： 我非常同意不要被父母的情绪左右，可是你不知道我的父母情绪是多么的激烈，多么擅于操纵一切！我在他们的激烈反应面前束手无策。

回复： 任何一个人的情绪都可能把我们压倒。这就是众所周知的情绪感染。但是当你有目的地观察正在发生的一切，而不是被情感裹挟时，会更有安全感。哪怕稍微留心一些，也能减轻你的很多压力，不用再去体会别人的痛苦了。这是他们的痛苦，而不是你的痛苦。你或许能够体会到其中的一些苦楚，但是没必要承担同等分量的痛苦。

担心： 我的父母对我非常好，他们供我上学并借钱给我。如果把他们看作情感不成熟的人，我会觉得很不尊重他们。我觉得这么看待他们不大合适。

回复：想法没有对错之分。只有行动才分对错。你不是不尊重他们，你只是认清了父母情感的局限性。要做一个情感成熟的成年人，你必须在心里不断地观察、评估他人。你可以为父母给予你的一切去感激他们、尊重他们，但不需假装他们没有人性的弱点。拥有自己的观点并不是对父母的不忠诚。

担心：当父母让我感到内疚时，我到底该怎么保持冷静并客观地观察呢？

回复：专注于你的呼吸，体会呼吸的过程。感到内疚并不是什么紧急情况。观察正在发生的一切，并用确切的词汇向自己描述这一切。在内心描述所发生的事情能够让你更有逻辑、更加客观。当然，也可以计时。每次父母说话的时候，你可以看看时钟，再决定你还要听他们讲多久。当你不想再听下去时，可以礼貌地打断他们，说你要走了或者是要挂电话了，或者说你有事要做，然后你就解脱了。你也可以轻轻地对自己说：**没必要感到内疚，他们只是想把自己的感受强加在我身上，我没有做错任何**

事，我有选择的权利。 你需要提醒自己，当你的父母试图分散你的注意力时，你等于在和一个心烦意乱的小孩相处：如果你保持冷静并把注意力放在自己想要的结果上，不愉快很快就会过去，而且你也不会卷入争端之中。

担心：当我独自冷静坐着的时候，就能运用这些技能，但一旦我的父母开始批评我，我就什么都想不起来了。我感觉自己和超级碗比赛中的开球员一样紧张，我怎样才能冷静下来，观察他们，掌控我们之间的互动呢？

回复：超级碗比赛中的开球员也会感到紧张，但你知道他会尽可能保持冷静。运动心理学中很大一部分内容就是教你如何在压力下保持放松的心态。你的目标是通过专注于自己所想的结果，慢慢放松下来。生活并不是橄榄球比赛。你也没有压力，因为你并没有在争夺什么。你不需要受父母的消极一面的影响。这无关输赢，而在于帮助你自己不再受父母的情绪感染。

担心：我的父母总是不开心，我非常担心他们，我只想让他们好受些。

回复： 你做不到的。你有没有发现不论你做什么，他们
都不会开心太久？他们并不是因为想要开心而抱
怨。那只是你的理解。你只需友善地对待他们，
但是不要因为他们而受伤。他们的治愈型幻想和
角色型自我让他们遭受了很多痛苦，让他们抱怨
颇深。你没必要因为他们而放弃你自己的生活，
或者试图从后面推他们一把。如果你这么做了，
他们可能会更加不开心，更难相处。

安妮故事的后续

安妮在忍受了母亲数月的沉默对待后，决定采取成熟意识
法。她邀请母亲去参加她的孩子的足球赛。安妮保持客观并控
制住自己的情绪的时间大概和这场比赛的时间一样长。安妮只
希望这次她俩不会有冲突，并且能够重新与父母建立联系。这
次，安妮保持着中立的观察方式，和母亲进行了愉快的交流，
但没有期望母亲给她带来温暖。安妮的父母像往常一样迟到
了，但是安妮很礼貌地和他们打招呼："嘿，我很高兴你能来
这儿。"

安妮给了母亲一个轻轻的拥抱，并递给她母亲一些小点

心。母亲看起来有些沮丧（再一次使她自己成为互动的中心），但安妮跟我回忆道："这次我没有太在意她的情绪。"安妮做到了，她不再执着于与母亲建立情感上的亲密关系，因为现在她已经理解了，母亲只是沉浸在自己的情绪之中，并不想与安妮建立亲密的关系。事实证明确实如此，比赛期间安妮的母亲几乎没有和她说过几句话。

在他们正要离开时，安妮的母亲哽咽了，但依然没和安妮说话。安妮对此已经做好了心理准备，所以没有被激怒，她只是观察着母亲如何回避真诚的交流，然后表现出一副受伤者的模样。

之后，安妮总结了这次和母亲相处的经历，"我终于弄明白我的母亲到底是一个怎样的人，这是她的性格，她的行为与我无关，我很高兴自己不再纠结于她的言行。我终于能够把她的行为排除在我的价值观衡量的范围之外，我很自豪。"

在母亲生日当天，安妮给母亲打了电话并发了几条短信，但是没有邀请母亲过来。安妮觉得这样做恰到好处，并感到很舒服。她不再把母亲不回电话当成是自己的问题了。几天后安妮终于打通了母亲的电话，她母亲用一种冷淡而且矜持的语调对安妮作着简短的回应。安妮直入主题地说道："你没回信让我很惊讶，你没有收到我的短信吗？"安妮的母亲冷漠地回答收到了，没有谢谢安妮，也没有表现出任何温情。安妮决定赶紧结束对话，并说："我们下次联系，你为什么不打给我呢，我们可以小聚一下。"

结束对话后，安妮感到更加轻松自如了。她不再纠结于母亲的拒绝。同时她也能够像一个同辈的成年人一样处理与母亲的关系了。她不再是那个扮演角色型自我、沉溺于治愈型幻想的坦诚的小女孩了。

在那之后我们又见了一次面，安妮说："我不再觉得自己什么都做错了。这段一直让我很纠结的重要关系没能得到很好的解决，确实很令人难过。但是我的母亲不对我做出回应已经不再困扰我了。这不过又说明了我的母亲无法处理我和她之间的关系。即使我的热情会让她反感，我也不想完全不再对她热情，我真的不想这么做。"

从角色型自我中走出来

避开情感纠葛，学会冷静观察你的父母和你的角色型自我，可以帮助你获得情感自由。如果你发现自己已经陷入角色型自我中，并试图让你的治愈型幻想成真，那么是时候做出改变了。

罗谢尔的故事

　　罗谢尔的母亲是一个非常强势的女人，她要求罗谢尔对她唯命是从。正如罗谢尔所说："我常常觉得，只有母亲开始认可我，我才能好受些。"但是当罗谢尔决定开始客观地观察母亲的情感不成熟度，不再轻易为此受伤后，她感到自己的生活发生了巨变："我第一次真正认识到母亲的行为，我不再像从前那样感到愤怒或失望了，以前我总觉得必须得到她的认可。"因为罗谢尔已经开始认可自己了，也明白了自己对母亲真正的感受，她不再觉得自己必须扮演母亲期待的角色或者满足母亲的治愈型幻想，为母亲倾注自己所有的心血。"我不再觉得自己需要在母亲身边不停打转，成为她眼中的'好女儿'。我无须承担她的问题。"罗谢尔现在只有在想联系母亲时才会给母亲打电话，而且她现在敢于对母亲的请求说"不"。现在她觉得自己没必要扮演那个孝顺的女儿了，同时她在母亲身边也感到更加放松和自由了。

掌控你自己的想法和感受

　　与父母或情感不成熟的人交流互动的终极目标是掌控你自己

的想法和感受。为了实现上述目标，你必须保持观察，注意自己的感受，同时也关注他人的举动。这样，你就可以保留自己对事物的观点，同时免受他人情绪感染的影响。

和父母交流时，你必须明确在交流过程中自己想得到的结果，同时观察对方的行为举止。这些都能让你保持清醒的思考，防止掉进情绪化的陷阱中。专注于互动的目标可以让你在旧的治愈型幻想和角色期望干扰时，保持真实的自我。

当心情感不成熟的父母突然的坦诚

根据莫瑞·鲍文在 1978 年提出的观点，当一个孩子变得更加独立时，情感不成熟的父母会下意识地试图让孩子再次陷入与他们的情感纠葛中。如果孩子对父母的举动无动于衷的话，这类父母最后可能会与孩子进行更加真诚的交流。

我建议，如果在采用观察法和目标导向法时，你的父母对你表现出异常的坦诚，那么你要谨慎一些了。如果你的父母开始对你更加尊重、更加坦白，你可能会因为心软再次陷入过去的治愈型幻想中（**他们最终开始在意我的需求了**）。千万小心！你内心的那个孩子一直希望父母终有一天会发生改变，并满足你的需求。但是你真正需要做的是保持独立的成年人的身份，与你的父母保持联系，而非回到过去。这个时候，你想要的是和他们建立成年人之间的关系，而不是成年人和小孩子的关系，对吗？

如果你放任自己重新回到你的童年幻想中，父母那些所谓的坦诚可能会瞬间就消失不见，因为你不再对他们感到安心。请记住，你的父母可能有情绪恐惧症，并且他们不懂得如何处理真正的亲密关系。如果你对他们变得更加坦诚，他们便会克制自己的感情，并试图控制你。避免和他人过于亲密是这类人保护自己的唯一方式。

最后，你和父母的关系会按一定的规律进行下去：你对他们需求越多，他们在情感上越不可靠；你对他们需求越少，他们反而会越可靠。只有在对父母保持客观的观察时，你才能对他们放心。很不幸，但这就是事实，他们害怕面对你内心的孩子的情感需求。

在与父母的互动之中，你只需要保持客观的观察，听从自己的内心。你内心的真实的自我知悉一切，能够帮助你做出合适的回应。但前提是你保持客观的观察，留心周围的一切。

总结 ○ ○ ○ ○

小时候我们很依赖自己的父母，这让我们渴望得到他们的爱和关注。但是，如果我们不想在成年后的关系中还重复扮演童年时的角色型自我，就必须与这个角色保持距离。成熟意识法能帮助我们更有效地处理与情感不成熟的父母，以及任何难相处、以自我为中心的人的关系。如果采取中立的态度与你的父母相处，而不是急于与他们建立亲密关系，你将会得到更满意的结果。首先，你需要评估父母的情感成熟度，使用客观中立的方式观察你们之间的互动，期间，你需要注重思考，而不要做出情绪化的反应。接着，你可以运用上文提到成熟意识法的三个步骤：表达之后就不再把事情放心上；专注于结果，而非关系；不要与对方建立密切关系，要善于控制。

在下一章中，我们将探究如何从旧的亲子关系中解脱。随着持续阅读，你会理解从旧模式中解脱，开始新的生活是多么快乐。

第9章

没有角色扮演和幻想的生活
是怎样一种体验

○ ○ ○ ○ ○ ○ ○

当你不再为了取悦情感不成熟的父母而扮演家
庭角色、对父母有所期待，你可以不用在意他人的
反应，找回真实的自我和真实的想法及感受。

在本章中，我们将一起探索，当你不再为了和情感不成熟的父母建立情感联系而扮演角色型自我时，生活会有何改观。我们将看到，随着你重获情感自由、做回真实的自我，新的想法和行为如何帮助你摆脱情感孤独。正如你将要了解到的，获取自由可能需要克服很多困难，但这些付出绝对值得。

可能会对你造成阻碍的家庭模式

在深入探究你的真实的自我前，让我们先回顾一下那些让人囿于过去角色的家庭模式。

个性得不到鼓励

如果和情感不成熟的父母一起长大，那么你可能整天都要小心翼翼地面对患有情感恐惧症的人的焦虑。这类父母非常害怕孩子的个性。孩子的个性对于情感不成熟、缺乏安全感的父母来说是一种威胁。如果你想独立于他们，你可能会批评他们或者离开他们。比起真实的独立的人，把家庭成员看成行为可预测的幻想型人格会让他们更有安全感。

面对害怕真情实感、害怕被抛弃的父母，孩子感到很痛苦，这往往表明他们具备了一定的个性，这些痛苦之情是他们内心真实的自我的真实表达，这对父母来说无疑是一种威胁。子女表达真情实感时，父母同样会感到恐惧，因为这使得彼此间的互动变得不可预料，而且可能会影响到维系家庭的纽带。这种父母为了获得安全感，会试图控制孩子。因此，他们的子女为了避免父母产生焦虑，常常会选择压抑自己那些会扰乱父母世界观的真实想法、感受和渴望。

对个人需求和偏好的否定

有着严格控制欲的父母常常由于焦虑，不光教子女该如何做事，甚至还教他们该如何看待和思考事物。内化型的子女通常会对这些教导铭记在心，甚至逐渐相信他们独一无二的内在体验是不合理的。这种父母还会教导子女，应该为自己与父母不同而感到羞耻。如此一来，孩子们会觉得自己的独特性，甚至是自己的优点很奇怪，一点儿也不可爱。

在这种家庭，内化型的孩子常常以下列普通行为为耻：

○ 积极热情。

○ 自发性。

○ 因为受伤、失去或改变的悲痛。

○ 不受拘束的感情。

○ 说出真实感觉。

○ 被委屈和怠慢时表达愤怒。

与此同时，他们还会被教导，以下行为和感受是可以接受的，甚至还有可能会得到鼓励：

○ 畏惧权力、尊重权力。

○ 遭受身体疾病或伤害可以让你得到父母的关心。

○ 自我怀疑和犹豫。

○ 喜欢做父母喜欢的事情。

○ 对于自身缺点的罪恶感和羞愧感。

○ 乐于倾听，尤其是倾听父母的建议和抱怨。

○ 扮演刻板的性别角色，作为女孩，应当善于取悦人；作为男孩，应当有夸张的信心。

如果你的父母情感不成熟，而你本人是内化型的，他们会给你灌输自我挫败的想法。其中最突出的是：

- 首先考虑他人的需要。

- 不要为自己辩护。

- 不寻求帮助。

- 不渴望任何事情。

　　这样的孩子认为所谓的"好"是指尽可能保持低调，先满足父母的需求。自我掌控者将自己的感受和需要视为无足轻重的，甚至是令人蒙羞的东西。然而，一旦意识到自己的心态是如此的扭曲，他们可能会迅速发生转变。

　　举个例子，卡洛琳的治愈型幻想是，如果她对母亲百依百顺，让母亲成为自己生活的主角，母亲最终将会赞赏她。但是在治疗过程中她开始认清了现实："我的家庭角色是虚构的。我已经认识到我根本不是别人小说里面的角色，这一切都已经过去了，我不想再成为那种人了。"

坚持内化父母的声音

　　你可能会感到奇怪，父母怎么能够做到教孩子违背自己的本能和积极的想法。这其实是通过一个我称为内化父母声音的过程实现的。作为孩子，我们会不断吸收父母的观点和信念，并渐渐把这些教导当作自己内心的声音。我们经常会听到的声音是"你应该……""你最好……"或是"你必须……",但他们的这些话可能会不怀好意地评价你的价值、才智或者道德品质。

尽管这些评价听上去像是你自己的声音,但事实上,它是小时候照顾你的人的想法的反映。如果你想了解更多,《征服内在的批评声音》[*Conquer Your Critical Inner Voice*(Firestone,Firestone,and Catlett 2002)]能帮你确定内心的声音的来源,还会告诉你如何摆脱它们的负面影响。

每个人都会内化父母的声音,这便是我们被社会化的方式。有一些人获得了积极友好、有助于解决问题的内在评价,但也有很多人只听到了愤怒、严苛,或者轻蔑的声音。这些负面信息是如此无情,甚至比最初父母造成的伤害还要大。所以你需要打断这些让你不舒服的声音,将自我价值从他们的严苛评价中剥离开来。这样做的目的在于将这类声音视为真实的自我之外的部分,这样你就不会再觉得这些想法很自然了。要实现这一目标,我们可以使用第 8 章提到过的成熟意识法,你如何用这个方法与父母相处,就如何和你脑中的负面声音相处。

当你能更加客观地看待情感不成熟的父母时,同样可以重新评估自己脑中那些声音,避免受它们的不好的影响。和与父母相处一样,你可以细心观察这些内在声音是如何与你交流的。你可以对这些声音持保留态度,然后理性地决定是否听从它们。

拥有做人的自由、不完美的自由

被内化的父母声音可能源于人的大脑左半球，大脑的左半球负责语言和思维逻辑。左脑起控制作用时，完美主义和效率优先于个人的感受，评判优先于同情（McGilchrist，2009）。如果更加注重直觉的右半球没有参与到人的思考当中，你的左脑将用机器般的非对即错的方程来评判你自己，这个时候你的大脑便会失衡。左脑会根据你做的事情对你做出道德的评价：你是好还是坏，是完美还是残缺。这种评价的逻辑反映了人的思维的僵化与情感的不成熟。

杰森的故事

杰森是一名成功的大学教授兼业余艺术家，但多年来他一直很抑郁。他的父亲自大而严厉，母亲只关心自己，他俩都对他没耐心，他就是在这样的家庭中成长起来的。

因为父母，杰森心里一直有一个非常消极、非常完美主义的声音，这个声音一直在评价他的行为。无论杰森做什么，这个内在声音总会给他泼冷水。一旦没达到这个内在声音所期望的完美表现，他立即会进行自我审判和自我贬低。此外，他也不明白自己是真的想要做一些事，还是仅仅在听从这个声音的指示行事。

幸运的是，在治疗的过程中，杰森意识到了这个内在声音和他那习惯反对自己的父母之间的联系。这个负面声音和杰森的父母一样，会批评他所有的决定，不断地摧残他的自信。在受其影响多年后，杰森最终认识到这是他父母无声的话语，并且理解了这个声音所具有的破坏性。

当他意识到了这个声音的本质，便再也不相信这个声音说他很坏、很自私、很懒惰的鬼话了。他不再听从这个声音去力争完美，他开始问自己，了解自己的需求。当他惧于做某些事情时，他不再强迫自己去做，而是会停下来问问自己，这是我自己的需求吗？这件事对我而言是最重要的吗？我自己的需要和这个声音所说的有何区别？

杰森的成年生活也充斥着"该死，我非这么做不可"的想法。他现在看到了更多的选择，他问自己，我真的必须现在做吗？如果做这件事真的有必要，那我该什么时候做，又该如何协调我想做的事情？他学会了先问问自己想做什么，然后替自己做决定，不再受制于内在声音。杰森通过认真思考自己真正的需求，最终将自己从内在声音的暴政中解放出来了。

拥有自己的真实想法和感受的自由

如果你的童年想法和感受令父母不快，你很快便会抑制这些内在体验。如果你的真实想法和感受威胁到了你与你所依赖的人的关系，那么你可能会觉得自己的这些想法和感受很危险。你甚至可能会觉得你的好坏不仅取决于自己的行为，也取决于自己的想法。从而你可能会产生这样一个荒谬的念头：如果你有某些想法和感受，你就是一个坏人，而且你可能依然怀着这样的信念。

然而你需要摒弃罪恶感和羞耻感，然后去深入接触自己的内在体验。此外，当你让自己的思绪飞驰时，将变得更加精神饱满，而无须担心这些想法和感受意味着你是一个什么样的人。你只是拥有了一些想法和感受而已。重获放飞思绪的自由对人而言是一种意义深远的解放。

事实上，想法和感受的产生最初是不由自主的。你并非刻意去考虑或感受一些事，只是碰巧遇到了一些事，然后自然地产生了一些想法和感受。可以这样想：你的想法和感受是你天性的有机组成部分，它们会通过你来表达自己。天性对你的感受很诚实，至于天性会给你带来哪些想法也是你不可预测的。接受自己想法和感受并不会让你变成一个坏人。相反，这会使你成为一个**完整**的人，使你成熟到足以理解自己的思想。

暂停接触的自由

在理想情况下，你可能希望自己既可以与父母保持联系，又可以保护自己并拥有做自己的自由。但你可能偶尔会觉得有必要与人暂停接触来保护自己的情感。尽管这种想法可能会引起你的罪恶感和自我怀疑，但你还是需要好好想想，你可能真的需要休息一下。比如，你的父母可能很伤人感情，并且不尊重你的底线——这是一种会损害你对自身认同感的做法。

如果很伤人的父母拒绝尊重你的底线，你可以暂停和这位父母接触。但是一些父母非常草率，他们总是辩解，就是不认为自己的行为有问题。除此之外，有些虐待狂父母真的会恶意地对待孩子，并从孩子的痛苦和挫败感中获得快感。对于这种父母的孩子来说，拒绝接触可能是最好的解决办法。一个人是你的亲生父母并不意味着你必须和这个人维持感情或社交联系。

幸运的是，你无须和他们建立一种活跃的关系，就能够让自己摆脱父母的影响。如果不是这样的话，人们就没法与远亲或者已逝的亲人从感情上脱离开来了。从不健康的角色和关系中解脱出来，重获真正的自由这一过程始于我们的内心，而非与人的互动和对抗。

爱莎的故事

爱莎今年 27 岁，她做的是电视报道，有着一份很成功的事业，但很自卑、很郁闷。母亲艾拉总是把爱莎称作问题儿童。她对爱莎的弟弟十分溺爱，但对爱莎很严苛。爱莎觉得她可能永远也无法取悦艾拉，尽管如此，她还是努力让母亲感到骄傲。然而，艾拉总是对爱莎没把事情做到完美絮絮叨叨。此外，艾拉还常常当着别人的面嘲笑爱莎，当着爱莎男友的面也是如此。

尽管爱莎就这件事与母亲交涉，但好像没什么用。艾拉经常假装无辜，甚至利用爱莎的眼泪和愤怒来证明她是个对母亲很恶劣的坏女儿。艾拉的诋毁性评论让爱莎异常敏感，以至于有时晚餐还没吃完，爱莎的眼泪就掉下来了。

有一次爱莎决定与母亲断开联系，然后瞬间觉得轻松了不少。爱莎不用再面对母亲伤人的举动了，她感到了从未有过的快乐。她担心自己是个拒绝和母亲见面的坏人，但她无法否认当艾拉不再干预她的生活时，她变得自信多了，也快乐多了。连她的男友也注意到她看上去比以前放松多了。

数月之后，爱莎来我这里接受治疗，她还带来了一张母亲写的卡片。尽管这明摆着是艾拉用来恢复联系的借口，但在爱莎看来，母亲的话反而坚定了她与母亲保持距离的决心。信上的说辞都是单纯的自我辩解，说她感受如何如何，她什么也没做，但她很爱爱莎。她并没有表现出对爱莎的同理心，也不为自己的伤人举动负责。

爱莎曾多次向母亲表达了她的伤心，多次交涉无果，爱莎拒绝再与母亲联系也就不足为奇了。只有艾拉才有奇怪的想法。她幻想成为一个好母亲，结果却从不在乎爱莎的感受。

拥有设限和给予的自由

尽管与人暂停联系有时是必要的，但还有些人可以通过有效地设限来防止父母对他们造成更多的伤害。一种办法是控制和父母接触的频率。通过对你们之间的接触设置限制，你可以分出更多精力来关心自己的需要。当你不再像过去一样慷慨，不再过多地把时间和注意力放在父母身上，他们可能会有所抗议；但是尽管这很难，却能让你避免因有自己的需要而产生内疚感。

要记住，如果你是个自我掌控者，你可能会觉得要靠自己来解决问题，如果你再努力一点儿，局面（包括他人的举动）都会好转。意识到这样的想法并不真实，对人来说是一种解脱。更多时候，自我掌控者不断努力，而外物掌控者却坐享其成。记住，你为人的优秀品质并不取决于你在人际关系中付出了多少，对不断索求的人设限也并不是自私的表现。你的责任是照顾好自己，不论别人希望你为他们做什么。

注意观察他人的细微表现，可以帮助你确定自己是否付出了过多。即使是简短的接触，你也可以衡量一下自己应该付出多少，这样你就不会因为想满足他人的需要而精疲力竭了。

我建议你用成熟意识的心态来观察，当你要求父母尊重你的底线时，他们会有何反应。注意看他们会不会试图让你感到羞愧或者内疚，就好像他们有权为所欲为，而无视对你的影响。

布拉德的故事

布拉德工作很辛苦，同时他还有四个孩子，婚姻也近乎崩溃了。尽管承受了巨大的压力，他还是同意让易怒的母亲露丝搬来同住，因为她的房子租约到期，还和房东大吵了一架。露丝搬进来不久，布拉德发现他的妻子有外遇，这差点儿毁了他们的婚姻。与此同时，布拉德十几岁的女儿在学校被抓到抽大麻。露丝对这屋里的紧张气氛毫无察觉。事实上，她还口无遮拦，想到什么说什么，更是给这个家火上浇油。如果她觉得自己受到了冷落，就会摔门，对孩子大喊大叫，咒骂宠物。布拉德感觉自己要崩溃了。

　　布拉德觉得他必须要在自己的健康和母亲的权利意识间做出选择。他一再就母亲的言行与她交涉，但情况丝毫没有发生改变。露丝还是试图成为当家人，经常对布拉德的孩子和他们的朋友表示不满。最后，布拉德请求露丝住到他们在镇子另一边的一栋出租别墅去。

　　露丝很震惊。她从未料到这种情况，就像她从来不明白为什么房东坚持赶她走。布拉德费尽口舌，但立场坚定。不出所料，露丝吼叫道："你不爱我！"

　　布拉德很坚持："没必要对环境的改变大惊小怪。我们爱你，但你必须得走，照顾你不是我们的工作，你有能力照顾你自己。"

　　"你要收我的房租吗？"他的母亲问。

　　"要，而且如果你想要包括水电费，我们会收得更多。"

　　在我们接下来的一次会面中，布拉德回顾了这件事情，他说自己没有犹豫，相反，他告诉自己，**这次我决不让步**，同时在谈话中他只专注于自己想要的结果：让露丝搬出去。

布拉德最终认识到露丝给本已经很艰难的处境施加了多少压力："她在家的时候，我感觉自己的血压高不见顶。我曾经告诉自己要协调好一切，但事实上，我并不想和她协调。我有这个精力，但是我不想这么做。"布拉德开始用不一样的眼光看待事情："作为家庭的一员，不代表你可以视他人如草芥，谁也没有这个自由。"

拥有自我同情的自由

麦卡洛在 2003 年提出，你需要自我同情来照顾好你自己（McCullough et al.，2003）。了解你自己的感受、对自己具有同情心，是构建强大人格的两个基础。只有当你拥有良好的自我同情能力时，才会知道何时该设限，何时该停止过多地付出。

对自己表示同情是治愈我们内心的良方，当然，自我同情在一开始可能会让你感到不自在。有一位女士是这么描述自我同情的："我回顾了那个曾经的小女孩，看到她经历了太多。我第一次为自己感到难过。这就像我呼气时，发现自己已经憋了很久的气，这种感觉挺古怪的：悲伤、焦虑、轻松，这么多感受一同向我袭来。现在我开始对自己童年的遭遇表示同情了，回顾童年时的那个小女孩，这种感觉就像灵魂出窍一样，我终于能够说，'哎，可怜的女孩'，这是我以前从未说过的。"

　　另一位女士对这种自我同情心的感受源自她翻看自己校园时期的相册时。她发现自己正对着相册里的女孩说话："你是个勇敢的女孩，你在对着校园相册微笑，可是你有那么多痛苦要忍受。"

　　悲伤和眼泪是自我同情心引发的正常反应，当我们学着接受痛苦的真相时，这一过程必然会使人产生自我同情之帆。如果你多年来一直得不到认可，那么你可能一直压抑着自己的悲痛，远甚于其他感情。著名的精神病医生及作家丹尼尔·西格尔，曾经有力地论述了情感的治愈作用（Daniel Siegel，2009）。他说，如果接受自己真实的感受，我们就能被改变。体会深厚的情感是我们处理重要新信息的方式。意识到我们自身的情感，包括悲伤，可以促进我们的心理成长。

　　根据西格尔的观点，在我们感受时，我们同时也在使自己变得更为完整（2009）。我常常告诉人们，当我们吸收了新的意识，我们的心灵和思维会经历一个整合过程，而眼泪可以看作是这个过程的外在标志。在为此痛哭过后，你最终会舒畅很多。这种哭泣可以帮助你成为一个更完整更复杂的人。这种情绪上的转变会使你感到安定，并能够使自己再次振作起来。

　　我们常常需要在挫折中重获自我感知的能力，有些挫折可能很难挨过去。太多未被宣泄的情感会使你感到不堪重负。如果你向一个富有同情心的朋友或者治疗师寻求安慰，请他们帮助你度过这些艰难的时光，你将深受其益，但是不要害怕这个自然的过程。你的身体知道如何哭、如何悲伤。如果你让自己的感受自然地表达出来，并尝试理解它们，带着对自己和他人更多的同情，你将成为一个更完整、更成熟的人。

避免陷入过度的同理心

自我掌控者情绪极为敏感，以至于他们可能对其他人的问题或他们空想出来的苦难表现出过度的同理心。有时他们比对方还担心对方的处境。从另一方面来说，如果你拥有适当的同理心，就可以保持对他人的同情心，同时又不会丧失自己的意识。

丽贝卡的故事

丽贝卡年长的母亲艾瑞娜是一个外物掌控者，她总是抱怨。就算丽贝卡费尽心思讨她欢心，她还是觉得不开心。尽管正在与艾瑞娜划清界限，但丽贝卡仍然有些不大清楚这件事情的意义。有一天，我们正在聊天，丽贝卡做了一些评论，这些话暴露了她思维中的一些基本错误："我想要让她开心起来，这也没什么不对的。"

我大叫道："不是这样的。"丽贝卡在和母亲相处时一直扮演着自我牺牲的角色，总是试图让艾瑞娜开心起来对丽贝卡来说是一个很严重的问题，因为这只会让她陷入与母亲的情感纠葛中。我问丽贝卡，有没有证据说明她的母亲确实很想开心起来。艾瑞娜的生活方式就是这样，总是不开心，并且我也发现她对丽贝卡所做的一切没有任何回应。"过得开心"显然不是艾瑞娜的生活目标，所以丽贝卡做的那些努力注定要失败。因为艾瑞娜并不想要那些东西。实际上，艾瑞娜在意的是她未曾得到自己想要的，丽贝卡没有弄清楚情况。

一天晚上，在丽贝卡花了一整日试图让艾瑞娜开心起来却未果后，她感到非常挫败，正准备离开艾瑞娜的家时，艾瑞娜看着丽贝卡说："以后常来看望我哦。"丽贝卡大吃一惊。是不是在她做了这么努力之后，母亲真正想要的也仅仅是让她常去看看自己呢？丽贝卡决定相信艾瑞娜的话，她控制着自己对母亲的同情，适当地给予母亲帮助，这样她就不会害怕去拜访母亲了。最后她发现艾瑞娜永远也高兴不起来，但这不是她俩的问题。

代表自己采取行动的自由

不论你是孩子还是成年人，和情感不成熟的父母一起相处会让你觉得很无助。这些父母对你缺失情感上的关心，这可能会让人觉得好像你的需求不重要。你可能会认为，自己能做的就是等别人来给你想要的东西。

童年的无助会让人觉得很痛苦，以至于你成年后感到无助时，会有一种"我什么也做不了，没人会来帮我"的想法，认识到这些对我们来说很重要。还是孩子的敏感的自我掌控者可能会被这一感受影响，之后他们可能认为自己是个受害者，完全受制于那些拒绝给予他们想要的一切的人。

就算这种受害者反应已经在你心中根深蒂固，你仍然可以收回求助的权利，更重要的是，根据自己的需要适当地向他人求助。代表自己采取行动可以帮助你消除这些痛苦的无助感。尽管情感不成熟的父母没有教会你生活和关系应该是怎样的，但我希望你能认识到，你的未来还有很多可能，并且你应该为了自己去追求想要的一切。

卡丽萨的故事

卡丽萨的父亲鲍勃是一个控制欲极强的人，他让卡丽萨在他的权威下感到非常无助、非常消极，最后卡丽萨认识到了这些。于是，卡丽萨在拜访父母前，已经准备好观察他们，表达自己的想法，掌控他们间的互动，专注十她想要的结果。她对这次的顺利拜访感到很吃惊。多亏了她丈夫亚历山大的帮助，她的父亲才没有发表他的政治高见，谈论他的宠物。只要她的父亲想提起类似话题，亚历山大就会转移话题，这种出乎意料的转变使鲍勃很迷惑，也使他无法掌控谈话的方向。

　　还有一次，当她的家人聚集在甲板上喝酒时，每个人都找到了自己的座位，只剩另一端对着所有人的座位，这个位置非常适合鲍勃向他的被迫的听众发表长篇大论，鲍勃正准备就座。卡丽萨意识到了这一点，立刻采取了行动，她在后来告诉我："过去这种时候，我可能会想，**这下可惨了！我被困住了。**但这一次，我要改变这种情况。"她把自己的位子移到了父亲旁边，阻止父亲成为谈话的中心。她的做法取得了效果。谈话在所有人之间顺利进行，而不是以她的父亲为中心。通过成熟意识法，卡丽萨把控好了他们之间的互动，并取得了她想要的结果：平等的参与。

自由地表达自己

　　和情感不成熟的父母相处时学会表达自己对自我肯定有很重要的促进作用，含蓄地表达你作为一个独立的个体有着自己的感受与想法，有权利提出自己的要求。记住，成熟意识法中的一个重要步骤就是表达自我，不纠结于说过的话。

　　放弃"如果你父母爱你，就能理解你"这样的观念对我们来说是很重要的。作为一个独立的成年人，你能在不被他们理解的情况下生活。你可能无法得到自己想要的那种亲子关系，但是你能使你们之间的沟通交流更加让你满意。如果你想的话，可以礼貌地表达自己的想法，无须解释你和别人的不同。通过向你的父母表达自我，即使他们不理解你，你依然可以做一个可靠的人。表达自己的感受是为了对你自己坦诚，而不是要改变你的父母。而且，即便他们完全不理解你，他们可能仍然爱你。

霍莉的故事

　　霍莉的父亲梅尔是一位生活在美国南方小镇的理发师。霍莉与父亲的大多数对话都是关于小镇中的社交新闻。霍莉有一份很高级的工作，她是一名联邦调查员，她一直渴望得到父亲对她成就的认可，但是每次当她在家里谈起自己的工作或成就时，梅尔似乎不知道如何回应她，不仅如此，他还常常突然打断她，然后开始谈起自己的事。霍莉不断地跟父亲讲述自己的生活，因为她想和父亲建立更加真诚的关系，但是父亲的反应永远是"不感兴趣"。次数多了，霍莉也就没什么意见了，并告诉自己要尊重父亲。

在工作上遇到困难时，霍莉会向父亲寻求精神上的支持。但是她在述说自己经历的艰难时刻时，父亲突然转变了话题，开始谈论起当地法院的翻修。这一次霍莉准备用清晰直接的沟通方式改变这样的局面。

"爸爸！"霍莉喊道，"我还在讲自己的事，我现在很艰难，我想听你的新闻，但是这次你不能先听我讲吗？我需要和你谈谈。"霍莉惊讶又开心地发现父亲接受了她的意见，开始听她讲述。因为情感不成熟，梅尔不知道什么时候不该转换话题。在霍莉提出自己的请求后，梅尔终于明白了她的需求，并开始倾听她的经历。

通过新途径接近旧关系的自由

像卡丽萨和霍莉一样，你也可以改变过去的模式，用新方式和父母相处，并且专注于你所追求的结果。每次互动都可以用这种方式，你可以尝试先把对真诚的情感联系和父母的支持这类不现实的渴望先放在一边。这么做并不是在否定自己的过去，你只是在接受父母的真实面貌，不对他们寄予期望。

有时父母会对这种诚实和中立的态度有所反应，他们的感情会变得更加真实。尽管听上去自相矛盾，但事实就是这样，一旦你不去想着改变他们，他们反而会变得更加坦率。当你足够强大，而他们也感觉到你不再需要他们的认可时，他们就能够更加轻松。当你不再试图吸引他们的注意时，他们会变得更加包容。因为他们不再害怕你的需求会使他们陷入无法接受的情感亲密中，因此他们也能像其他成年人一样，用更加合理、更加礼貌的方式来回应你。

值得注意的是，只有当你真的放弃了与他们建立深厚感情的渴望时，才可能做到这一点。而且即使条件具备，也不一定会成功。但是如果你能对自己保持坦诚，避免情绪化，不怀期待地去互动，就不太可能引起父母对亲密举动的抗拒。放弃改变父母的治愈型幻想，他们就是他们。如果没有遇到压力，没有被迫做出改变，他们可能会用不一样的态度来对待你。但是这也不一定，你要做的就是无论怎样都坦然面对。

对父母一无所求的自由

最让人痛苦的互动往往是因为孩子对情感不成熟的父母有所求。很多被忽视的孩子不断地向父母寻求某种积极的情感（尽管他们的父母不是那种乐于付出的人），比如说关注、爱或者是沟通交流。

　　情感不成熟的父母普遍会让孩子把父母当作自己幸福和自尊的主要来源。以自我为中心的父母似乎很喜欢孩子对他们有所渴求，如此一来，他们便可以成为孩子生活的重心。孩子的依赖性会让他们觉得很安心，觉得一切都在掌控中。长此以往，这种父母会完全控制孩子的情感状态。

　　退一步，扪心自问，你是否真的需要父母，或者说他们是否希望你需要他们，这个想法可能看上去很激进，但是如果不是因为家庭角色和幻想，你可能压根儿不会对他们有任何需求。因此考虑你是否需要他们这个问题是很实际的，或者说，这是否只是一种童年未得到满足的需求的延续？他们现在真的有你想要的东西吗？

　　与任何情感不成熟的人建立联系，无论是配偶、朋友或者亲属，都可能存在这种奇怪的现象。即便对对方没有任何需求，你还是很渴望和对方建立关系。

总结 ○　○　○　○

　　本章探讨了当你不再为了取悦情感不成熟的父母而扮演家庭

角色、对父母有所期待时，你的生活会有何变化。虽然你可能由于过分挑剔、奢求完美的内在声音开始抗拒自我，但是你可以不用在意他人的反应，找回真实的自我和真实的想法及感受。你可以拥有表达自我、代表自己行动的自由。你可以同情自己，甚至可以为由于情感不成熟的父母而失去的东西感到悲伤。现在你应该知道，首要任务是照顾好自己，包括设限、适当地付出，甚至在必要时和父母暂停接触。你不需要再因为过分同情他人而透支自我。此外，当你不再渴望父母情感上的认同时，你可能会发现自己和父母之间的关系变得更容易接受了。当你不再扮演过去的家庭角色时，就可以和父母建立更加坦诚的关系，而无须他们改变。

在下一章节，也就是本书的最后一章，我们将看看如何利用成熟意识法来寻找到更多情感成熟的朋友和伴侣。我依然会提供一些建议，帮助你树立新的价值观，使得你将来更有机会与他人建立互惠互益的关系。

第10章

如何判断一个人是否情感成熟

o o o o o o o

　　情感不成熟的父母的成熟的孩子通常会担心，
其他人不会真正对他们感兴趣。但如果意识到了这
些，你现在就可以做出改变了。

　　上一章探讨了在你与父母和其他人的交往关系中，你可以通过尊重真实的自我、设定限制来获得情感自由。在本章中，你将学习如何识别那些可以与之建立令人满意的关系的、情感成熟的人。另外，我将阐述人际关系间一些新的互动方式，这些方式将帮助你摆脱情感孤独。

　　不幸的是，情感不成熟的父母的成熟的孩子对于"人际关系可以使他们的生活更加丰富多彩"这一观点表示怀疑。相反，他们倾向于认为这样的关系是个白日梦，根本不可能实现。带着这种想法，他们通常会担心，其他人不会真正对他们感兴趣。这种负面的想法会使你深陷情感孤独之中无法自拔，但如果意识到了这些，你现在就可以做出改变了。

旧模式的吸引力

　　所有人都有原始的本能，认为熟悉意味着安全（John Bowlby，1979）。因此，如果和不成熟的父母一起生活，你可能会下意识地去接触那些以自我为中心、善于利用的人。我的一些女性客户清楚地记得，在高中，"好"的男孩对她们毫无吸引力。事实上，她们通常觉得体贴的男性很无聊，因为这些男生不够自私、不够霸道，无法对她们形成吸引。

对于这些女性，以自我为中心的男性可能会引起她们的兴趣和兴奋。但是，这是真的兴奋，还是源于童年时期那些利用她们的以自我为中心的人带来的焦虑呢？由杰弗里·杨发明的图式疗法的其中一个观点便是，我们觉得最有魅力的人可能会让我们想起过去糟糕的家庭生活（Young and Klosko，1993）。杨警告说，这种一时的兴奋可能在向我们传递一个危险的信号，我们又要重复过去那种自我挫败的生活了。

这一章将帮助你改变这一局面。关键是你要利用自己的观察力去发现那些情感成熟的人，并与之建立情感联系，而不是重复让你深感孤独的旧模式。

识别情感成熟的人

接下来我们将提供一些指导方针，这些方法将帮助你识别更多情感成熟的人。然后你可以有意识地选择与那些具备以下特点的人建立关系。无论你是在确定约会的对象，或是找一个新朋友，还是面试一份工作，无论是面对面还是在网上与对方交谈，你都可以利用这一章所列的情感成熟的特点来识别那些你可以长期与之建立情感联系的人。没有人是完美的，但一个情感成熟的人应该具备以下特点的大部分，这些特点可以使你们的关系更加丰富多彩。

他们立足现实，很可靠

这两个特点听起来让人感觉很单调，但没有什么能取代它们在一段关系中的地位。不妨把它们看作一个房子的构造结构，如果房子的结构不稳定、不适合住人，你给墙刷什么颜色的漆都没有任何意义。良好的关系应该像一座精心设计的房子，让人住起来很安稳，然后你再考虑往里面放什么装饰品。

他们不会抱怨现实，懂得如何面对它

尽管情感成熟的人会努力改变他们不喜欢的一切，但他们有自知之明。他们遇到了问题会尝试解决它们，而不会反应过度，也不会觉得事情应该按他们所想的那样发展。如果无力改变，他们会尽力使结果达到最优。

他们可以同时感知并思考

即使是在很沮丧的情况下，情感成熟的人依然会保持理性。因为他们可以同时思考和感知，和这样的人一起处理问题很容易。他们不会因为没有得到自己想要的东西，就丧失了理性看待问题的能力。他们在解决问题时，也会注意自己的情绪。

他们的表里一致使他们很可靠

因为情感成熟的人有完整的自我意识，他们通常不会表里不一。在不同的情况下，你都可以相信他们。他们有强大的自我，他们的表里一致使得他们很值得依靠。

他们不会把一切扛在肩上

情感成熟的人立足现实，他们不会轻易被冒犯，也懂得自嘲。他们是不完美的，他们觉得自己和别人一样都会犯错，但他们会尽力做到最好。

把所有事情扛在肩上表明一个人可能很自恋或缺乏自尊。这两个特点会驱使人们不断寻求他人的安慰，最终导致人际关系问题的产生。此外，这些人往往觉得别人在评价他们，实际上别人并没有。这种防御心理就像黑洞一样消耗着彼此的精力。

与之相反，情感成熟的人明白，我们大多数人都可能说错话。如果你说自己失言了，他们不会坚持要弄清楚你潜意识里对他们的负面想法。他们会把这种社交过失当作你的无心之失，而非对他们的排斥。他们很看得开，不会因为你犯了一个错误就觉得自己不值得爱了。

他们尊敬他人，懂得互惠

　　情感成熟的人会公平而又恭敬地对待他人。以下所有特点表明了他们会如何对待你。你会感觉他们正在关注你，而不是只专注于自己的利益。你可以把这些特点当作让房子更加适合居住的基础设施，如暖气和管道。

他们尊重你的底线

　　情感成熟的人非常懂礼貌，因为他们懂得尊重他人的底线。他们会寻找情感联系，而不是"入侵"。另一方面，对于情感不成熟的人来说，和一个人亲近往往会让他们把这个人对他们的好当作理所当然。他们似乎认为亲密关系就不需要在意礼节。

　　情感成熟的人会尊重你的个性。他们从来不认为，如果你爱他们，就要做和他们相同的事。相反，他们在任何时候与你交流都会考虑你的感受和底线。这听起来很费劲，但其实并非如此；情感成熟的人能够自然地与他人的感情产生共鸣。他们所具备的同理心使得为他人着想成为他们的第二天性。

　　在人际关系中要有分寸感，不要越界告诉伴侣或朋友该有怎样的感受和想法。另外，尊重他人的话语权，不要随意揣测他人的动机。相反，不成熟的人可能会为了自身的目的对你进行"心理分析"以便控制你，他们自认为知道你的真实想法是什么，或者会让你改变你的思维。这是他们不尊重你的底线的标志。情感成熟的人可能会告诉你他们对你所做的事情的感受，但他们不会假装比你更了解你自己。

如果你在童年时被情感不成熟的父母所忽视，那么你可能愿意接受别人的分析以及他们无用的建议。这种情况在那些渴望得到他人反馈的人中非常普遍，他们觉得这些反馈表明有人在关注他们。但别人给你提"建议"可能不是因为关心你，相反，可能是这些人心里的控制欲在作祟。

泰隆的故事

泰隆的女朋友西尔维娅经常让他感到不舒服，最近，这种情况越来越糟糕。例如，泰隆说希望他们的关系能够慢下来，西尔维娅却分析说他"害怕承诺"。她告诉他，他总是用过去的眼光看待她，而不看她现在的样子。

泰隆变得越来越不开心，她劝他要开心一点儿。她不断地跟他说要微笑，因为她很怀念他的微笑。但泰隆也很怀念一些东西：一个足够体贴、懂得自我反省的伴侣。

他们懂得回报

公平和互惠是良好关系的核心。情感成熟的人不喜欢利用人，也不喜欢被人利用。他们乐于助人，对自己的时间很慷慨，但他们有时也会需要他人的关注和帮助。他们不大计较得失，但不会让不平衡的关系无限期地持续下去。

如果和情感不成熟的父母一起生活，你可能不懂得如何付出，要么付出过多，要么过少。父母的以自我为中心可能扭曲了你对公平的理解。如果你是一个自我掌控者，可能会觉得要得到别人的爱，需要付出更多；否则，你对其他人而言就是没有价值的。如果你是一个外物掌控者，可能会有这样错误的想法，觉得别人如果爱你就会不惜一切，始终把你放在首位。

丹的故事

在婚姻破裂后，丹来到我这接受治疗，他的前妻是一个以自我为中心的女人，常常索取，不知回报。在治疗过程中，他意识到自己过去牺牲了太多。丹开始更加关心自己，不再像从前那样慷慨，他发现自己对那些懂得互惠的女性越来越感兴趣。

不过，这种新的方式最初让他有些不大适应。例如，在与他的新女友吃完昂贵的晚餐后，她竟提出想请他去听一场即将

举行的演唱会，这让他感到很惊喜。"你今晚让我很开心，"她
告诉他，"我想为你做一些有趣的事情。"丹对此感到很惊讶，
同时他也意识到她具备情感成熟者的特质之一。

他们非常灵活，懂得妥协

情感成熟的人通常很灵活，懂得随机应变，他们总会力求客
观公正。如果你必须改变自己的计划，其他人会如何回应？这是
我们需要注意的。他们能区分你在拒绝他们还是你真的有急事
吗？他们会表现出失望但不干扰你吗？如果你不得不让他们失望，
只要你同情他们的处境，能够权衡后做出妥协来缓解他们的失望，
他们就会做出让步。

大多数情感成熟的人都把这种意外和失望当作生活的一部分。
失望的时候，他们毫不掩饰并且会通过其他方法来寻找满足感。
他们对别人的想法很包容。

和一个情感成熟的人达成妥协的时候，你不会觉得放弃了什
么，相反，你们俩都会感到满意。因为懂得合作、成熟的人不会
为了赢而不惜一切代价，你也不会觉得自己被利用了。妥协并不
意味着相互牺牲，它意味着需求的相互平衡。如果两人做出了很
好的妥协，两人都会满足于折中的结果。相反，情感不成熟的人
往往会为了自己的利益迫使别人做出让步，并且往往会提出一个

让人觉得不大公平的解决方案。

在不愉快的关系中的人常说："关系就是不断妥协，对吗？"但我可以通过他们的面部表情知道他们不是在谈论妥协，他们谈论的是自己被迫做别人想让他们做的事。真正的妥协不是这样的，在真正的妥协中，即使你没有得到想要的一切，你的需求也会被考虑在内。

信不信由你，妥协未必是痛苦的，当你与情感成熟的人谈判时，妥协也可能让你觉得很愉快。他们非常的细心，和他们一起处理问题是一件很愉快的事。他们很在意你的感受，不想让你感到不满意。因为他们有同理心，如果你对结果不满意，他们就不会感到满意。他们希望你也舒服！如果能被人这么细心地对待，妥协也未尝不是我们人生中一段有益的经历。

他们总是心平气和

在一段关系中，如果一个人越早发脾气，对彼此的关系影响就越严重。大多数人都是在刚开始交往时表现很好，所以要提防那些刚开始就烦躁易怒的人。烦躁易怒反映了这个人的脾气和权利意识，更不要说对你的不尊重了。那些情绪容易失控，并且期望生活应该按照他们的意愿进行下去的人不适合成为一个好伴侣。如果你发现自己一直在试图抚慰一个易怒的人，那么你要当心了。

人们如何体验和表达他们的愤怒有很大的差别。更为成熟的人认为持续的愤怒状态令人不快，所以他们会设法摆脱这种状态。不太成熟的人可能会纵容自己的愤怒，认为现实应当适应他们。对于后者，具备这种权利意识的人也许有一天会拿你当出气筒。

那些通过撤销爱情来表达愤怒的人是特别有害的。他们这么做的结果是，什么也没有得到解决，而另一个人只是觉得自己受到了惩罚。与之相反，情感成熟的人通常会告诉你出了什么问题，并请求你换种方式行事。他们不会长时间生气，让你如履薄冰。最终，他们会愿意主动结束你们之间的冲突，而不会对你用冷暴力。

也就是说，不管一个人成熟与否，生气后通常都需要时间冷静下来，才可以谈论让他们生气的事情。双方都在气头上的时候，争论并不是件好事。暂停争论效果往往会更好，因为这样可以帮助人们避免在激烈的辩论中说出将来让他们后悔的话来。此外，人们有时需要空间来处理自己的感情。

他们愿意受到影响

情感成熟的人有一种安全的自我意识。如果别人和他们的观点不同，他们不会觉得受到了威胁，如果他们确实不知道的话，他们也不介意示弱。所以当你与他们分享你的观点时，他们会认真听，并思考你告诉他们的事情。他们可能不赞同你，但由于他们天生的好奇心，他们会尽力了解你的观点。因对关系和婚姻的稳定性的研究而闻名的约翰·戈特曼称这些人愿意受到他人的影响，他把这一特质列为维持一段愉快关系的七个原则之一（John Gottman，1999）。

男人特别容易拒绝伴侣的建议，因为他们在社会的熏陶下，觉得男性应当自信，抵抗不必要的影响。如果这种意识过于强烈，可能会阻碍亲密关系中的和谐互惠。然而，这种现象与性别好像没有太大关系；大量的女性也拒绝受到别人的影响，并且可能像男性一样顽固。不考虑别人的观点说明一个人情感不成熟，将来可能要走很多弯路。

他们很诚实

说真话是彼此信任的基础，代表了一个人的诚实度。此外，它显示了你对别人经历的尊重。如果情感成熟的人对你说谎或有意给你造成一种假象，说明他们明白你为什么不高兴。

有时说绝对的真话对我们所有人来说都很难，原因有很多。例如，当我们必须与愤怒或挑剔的人交谈时，我们可能倾向于通过说谎来保护自己。但在事关原则的场合下，你完全可以信任情感成熟的人，他们绝不会说谎。

他们愿意道歉并弥补过失

情感成熟的人会对自己的行为负责，在必要时他们还会道歉。这种基本的尊重和互惠可以治愈受伤的情感，加强彼此间的信任，有助于保持良好的关系。

虽然情感不成熟的人也会道歉，但他们这样做往往只是为了敷衍了事，旨在安抚别人，并没有打算真正地改变自己（Cloud and Townsend，1995）。这样的道歉不走心，通常给人感觉更像是这个人在逃避责任，不愿修复彼此的关系。另一方面，真诚的人不仅会道歉，他们还会明确地告诉你，他们会改正自己的错误。

当你告诉人们他们伤害了你或让你失望时，观察他们的反应。他们是只想保护自己，还是试图改变？他们道歉只是为了安抚你，还是真的理解和关心你的感受？

克丽丝特尔的故事

克丽丝特尔通过电子邮件发现她的丈夫马科斯有外遇。事后马科斯乞求她的原谅，这件事差点就使他们的婚姻破裂了。经过短暂的分居后，克丽丝特尔决定修补两人的关系，但她的条件之一是，他们要把事情的经过弄清楚。她需要了解更多的细节。马科斯无法理解，并对她说："我说过对不起了，你还要怎样？为什么你一直提这件事呢？你想让我为你做什么？"

答案很简单。克丽丝特尔想让马科斯反省，解释他为什么会做这种事，明白她被人背叛的感受。她想让马科斯把她的话听完，而不是不理她。被背叛的人常常想了解事实的经过。这可能是一种病态的好奇心，但得到这些问题的答案可以帮助他们缓解痛苦。只道歉是不够的，马科斯需要回答克丽丝特尔的问题，因为她很想了解事情的经过。

他们懂得做出回应

如果一个人基本具备以上所列的特点，你可能还想看看这个人是否有趣，让人觉得很暖心。你可以把以下特点看成使一个房子成为家所必需的东西，比如装饰和家具。

他们的同理心让你觉得很有安全感

同理心在人际关系中可以给人带来安全感。它和自我意识是情商的灵魂，可以帮助人们与他人平等和睦地相处（Goleman，1995）。相反，没有同理心的人会忽视你的感受，他们似乎对你的经历毫无兴趣。意识到这一点很重要，因为当你们两人有任何分歧的时候，一个不懂得对你的感情做出回应的人无法给你安全感。

艾伦的故事

艾伦的男朋友非常缺乏同理心。如果她跟他讲自己一天的经历，他听了一段时间后便会转移话题，开始谈论他自己的事。最后，艾伦鼓起勇气问他是否可以听她说完并表现出更多的同情，但他觉得艾伦的意思是他是一个坏人。他回击说，她也是不完美的。他无法对艾伦的情感需求做出回应，因为他觉得她的请求更像是一种批评，他有必要为自己辩护。

你能感觉他们在关注你并且很理解你

与一个对你的内在体验感兴趣的人交谈是多么享受的一件事啊！在交谈时，你不会觉得奇怪，你觉得得到了对方的理解，同时对方还能与你说的事情产生情感的共鸣。

如果情感成熟的人觉得你很有趣，他们会对你很好奇。他们喜欢听你的过往经历，了解你。他们会记得你曾经告诉他们的事情，并有可能在未来的谈话中提到这些事情。他们喜欢你的个性，对你与他们的差异很感兴趣。这表明他们是真正想了解你，而不是把你当作镜子来反映他们自己。

情感成熟的人总能看到你积极的一面，他们会记住你的那些优点。他们经常提到你的长处，有时似乎比你更了解自己。在这样的氛围中，你完全可以做自己，你还可能会告诉别人你本不打算说的事情，或分享一些你一直视为秘密的个人的经历。你还会发现，你与这些人分享得越多，他们与你分享得越多。这便是真正的亲密关系发展的过程。如果他们信任你，会跟你开诚布公地交流，让你进入他们的内心世界。如果过去你的情感受到了忽视，那么和他们相处的经历可能会给你的生活增色不少。

你也会发现，当你感到忧伤时，情感成熟的人不会离开你。他们不会对你说你应该怎样做。他们对你的情绪很包容，想去了解你想告诉他们的事。而且你的确会很想告诉他们你的事情。有一个人愿意倾听你的经历是很美妙的一件事。

他们想安慰他人，也想被人安慰

情感成熟、懂得做出回应的人在人际关系中会本能地投入情感。他们喜欢与他人建立情感联系，在感到压力时，他们会给予他人安慰，也会接受对方的安慰。他们富有同情心，知道彼此间友善的支持非常重要。

他们会反思自己的行为并做出改变

情感成熟的人会反省自己的行为。他们可能不懂心理学术语，但他们非常清楚人们是如何在情感上相互影响的。如果你告诉他们，他们的某些做法让你感到很不舒服，他们会很认真地对待这个问题。他们愿意接受这种反馈，因为他们喜欢这种明确的沟通带来的情感亲密。这也显示了他们对其他人观点的兴趣和好奇心，以及他们了解自身、提升自我的渴望。

光道歉是不够的，反思过后并且愿意采取行动也是很重要的。情感成熟的人会根据你的请求有意识地改变自己的言行。如果你因为一些问题很烦恼，他们也会意识到这些问题，并在之后做出改变。

吉尔的故事

吉尔多年来一直被她的丈夫忽视，但每次她跟丈夫说这件事，并尝试得到他的同情时，他却反击道，吉尔根本就难以取悦。久而久之，他开始拒绝反思，并且忽视吉尔为与他坦诚交流所做出的努力。这样看来，吉尔最终离开了她的丈夫，和另一个关心她的想法和感受的男人在一起也就不足为奇了。每当她提出两人间的问题，她的新伴侣便会反思自己的行为，然后努力做出改变。

他们可以很幽默、很风趣

幽默是一种令人愉快的回应方式，也是一种非常合适的应对机制。情感成熟的人具有良好的幽默感，他们能够用轻松的方式缓解紧张的氛围。笑可以打破彼此的隔阂，让我们更好地融入彼此的交谈中。

情感不成熟的人往往不懂幽默，不懂如何加强与他人的联系。相反，他们会不分场合地开玩笑，即使对方觉得很无趣。他们还会通过调侃别人来提高自己的自尊。例如，他们可能会很喜欢欺骗他人或捉弄他人，让别人看起来很愚蠢、很无能。是否真正懂得幽默，在一定程度上决定了一个人会如何对待你。

比较极端的幽默方式（如讽刺）最好作为一种调料，而不要当主菜。适度地使用可以给彼此增加一点儿令人愉快的紧张感，但如果运用过度，两人的关系可能会很难维持下去。害怕社交的人常常使用嘲讽和挖苦，借此来保护自己脆弱的情感。

和他们在一起很愉快

这是一个有些难以形容的特点，但它对一段让人满意的关系至关重要。回顾上面所列的特点，你不难看到情感成熟的人大多数时候都充满正能量，和他们在一起很愉快。当然，他们并不总是很开心，但大多数时候他们很享受生活，非常积极乐观。一个女人在经历了好几段不大令人满意的感情后终于确定了自己的意中人，因为她喜欢和他在一起的感觉，即使是去杂货店的时候也是如此。

与人在网上聊天需要注意对方的哪些方面

本章中所描述的这些特点也适用于在线约会和社交网络。事实上，在阅读并思考人们在个人主页和电子消息中透露的信息时，你其实也在锻炼自己的识人能力。

虽然有些人更擅长文字功夫，但所有人写的东西都能反映他们的思维习惯、价值观，他们最关注的是什么，更不要说他们的幽默感以及他们对他人感受的敏感性了。此外，在阅读别人写的东西的过程中，我们也注意到了自己对这些信息的感受。打电话给了你机会去观察和注意对方的话，同时对方也注意不到你的面部表情和无声的反应。

在这些场合下，问问你自己对对方的时间把控能力和节奏感有何想法。他们尊重你的底线吗？你想快一点儿了解对方吗？你会因暧昧感到压力吗？或者他们过很久才回复你，会让你感到不舒服吗？你觉得他们在认识你之前就对你的期望过高了吗？或者他们对你的态度是否有点儿冷淡，让你很难跟他们沟通吗？他们是互惠的吗？他们会提起你在以前的电子邮件中所说的事情吗，还是只顾说自己的呢？他们会通过不断地提问以便更深入地了解你，还是仅根据你们讨论的话题来确定你的想法呢？你觉得和他们商量事情很容易吗，还是你们两个常常谈不来？

　　在看完他们的个人主页、电子邮件或短信后，花一点儿时间来记下你对这些信息的印象。这种反思将有助于你学会把注意力集中在自己的直觉反应上，因为你不用承受面对面互动带来的社交压力，所以这种交流方式也更为容易。描述读完这个人写的东西后你的感觉。你会乐于在这个人面前表现出真实的一面吗？还是会察言观色，小心翼翼呢？在识别情感成熟的人的过程中，观察自身反应的能力是很重要的，在社交网络中，你有很多机会来锻炼自己这方面的能力。

（练习）

评估他人的情感成熟度

　　我把以上所有特点总结在下面的表中，你可以用它来确定一个人能否和你相处融洽。

立足现实，很可靠

_____　他们不会抱怨现实，懂得如何面对它。

_____　他们可以同时感知并思考。

_____　他们的表里一致使他们很可靠。

_____　他们不会把一切扛在肩上。

尊敬他人，懂得互惠

_____ 他们尊重你的底线。

_____ 他们懂得回报。

_____ 他们非常灵活，懂得妥协。

_____ 他们总是心平气和的。

_____ 他们愿意受到影响。

_____ 他们很诚实。

_____ 他们愿意道歉并弥补过失。

懂得做出回应

_____ 他们的同理心让你觉得很有安全感。

_____ 你能感觉他们在关注你并且很理解你。

_____ 他们想安慰他人，也想被人安慰。

_____ 他们会反思自己的行为并做出改变。

_____ 他们可以很幽默、很风趣。

_____ 和他们在一起很愉快。

如果一个人具备以上多个特点，那么你们更可能建立真诚而又令人满意的关系。

在关系中养成新的习惯

现在，你可以识别情感成熟的人了，但还有最后一个问题需要解决：你自己的行为。在这最后一节中，我们将简要介绍一些可以使你的人际关系更加真诚而且互惠的做法。毕竟，如果想拥有你渴望的那种人际关系，那么你有必要学会以成熟的方式与人沟通。

练 习

探索人际关系中的新型交往方式

忘记旧的相处模式和自我否认的做法，试着让自己的情感更成熟吧。下面的列表表明了一个情感成熟的人在人际关系中会如何思考、如何表现。看看下面这些新的行为、信念和价值观，选择其中一些在你的日常生活中进行实践，每次选一两个就好，慢慢来。有些践行起来可能比其他的更难。

愿意求助他人

- 需要时我就会请求帮助。
- 我会提醒自己，如果我需要什么东西，大多数人在能力范围内会很乐意帮助我。
- 我会直白地说我想要什么，并解释我为什么有这样的感受和请求。
- 我相信，如果我请求别人认真听我说话，大多数人会接受我的请求。

做自己，无论别人是否接受我

- 当我清楚礼貌、毫无恶意地表达自己的想法时，我不会太担心别人会如何看待它。

- 我不会强装自己很有精力。

- 我会明确告诉别人我的感受。

- 如果我觉得自己之后会后悔的话，我不会揽下不必要的活儿。

- 如果有人说了让我觉得受到了冒犯的话，我会换一种方式表达自己的观点。我不会试图改变他人的想法；我只是不想让别人这样平白无故地冒犯我。

努力维持并珍惜与人的情感联系

- 我会与我特别关心的人保持联系，并且回复他们的电话和电子信息。

- 我觉得自己是一个可以给朋友提供帮助，也值得被他们帮助的人。

- 即便别人说的话不是那么有道理，我还是会弄明白他们是否是在尝试帮助我，如果他们做出的努力让我受益良多，我会对他们表达我的感激。

- 如果我对某人很生气，我会想该说些什么来改善我们的关系。我会等到自己冷静下来后，问对方是否愿意听听我的感受。

对自己有合理的期望

- 我觉得完美主义并非必要。我更倾向于把事情完成，而非沉迷于把事情做到完美。

- 如果感到累了，我会休息一下或做些其他事情。如果做了太多事情，我的身体会给我发出信号。我不会等到意外或疾病发生才停下工作。

- 如果犯了错，我会觉得这是人之常情，人人都会犯错。即使我事先把所有的因素都考虑在内，但结果还是可能出乎我的意料。

- 我会牢记每个人都要为自己的感情负责，有责任清楚地表达自己的需求。除了最起码的礼貌，我想不应该由我来猜测其他人想要什么。

与人交流时尽可能做到表达清晰，努力追求我们想要的结果

- 我不会期望别人在我没告诉他们的情况下知道我想要什么。他们关心我，并不意味着他们了解我的感受。

- 如果跟我很亲近的人让我很沮丧，我会借此来探寻自己潜在的需求。然后我会很明确地告诉他们我的想法。

- 如果感到很受伤，我会先弄清楚是不是什么东西触动了我曾经的感情，还是这个人很麻木？如果是后者的话，我会请求这个人把我的话听完。

- 我会考虑他人的感受，但如果他们不考虑我的感受，我会请求他们这么做，然后不再计较这件事。

- 有些事情，我刨根问底也要问清楚。

- 如果在交谈时我感到很厌倦，我会礼貌而清楚地告诉对方我很累，我们可以改天再聊。

你能感觉到如果你平时就这么做的话，你会感到多么轻松吗？你可以在人际关系中积极地表达自我、善待自己，并期望别人倾听你的想法。你不会再深陷情感孤独之中。即使你小时候没有学到这些价值观和互动的方式，现在开始践行这些也不晚。和情感不成熟的父母一起生活，可能削弱了你的自我接受和自我表达的能力，也破坏了你对亲密情感的渴望，但现在你成年了，没有什么可以影响你，你可以开始新的生活了。

总结 ○　○　○　○

本章中，我们概述了情感成熟的人所共有的特点，以便让你可以更容易地识别出这些人。我们还简要地总结了和他人相处的新方式，这些方法可以帮助你与他人建立更令人满意的关系。现在你知道了何为情感成熟，下一次如果遇到一个平时只是偶尔给你一点儿关心的人，你应该知道该怎么处理了吧？你可以去追求你想要的，细心观察，直到找到合适的人。如果反思一下自己处理感情问题的能力，你会发现通往幸福之门的钥匙一直都在你的心里。

了解你的过去并开始新的生活，可能是一个苦乐参半的过程。借理性的光看看过去发生的事情以及它们对你的影响，这可能会让你为自己失去的以及从未拥有过的一切感到悲伤。

这便是光。它照耀着一切，而不仅仅是那些我们想看到的东西。当你决定了解关于你自己和你的家庭关系的真相时，尤其是当你发现这些旧模式在你的家族中世代相传时，你可能会感到非常惊讶。有时你可能会想，知道这些对自己来说是否是件好事。或者你宁愿什么都不知道。

归根到底，这取决于你的价值观。你觉得追求真相、认识自我很重要、很有意义吗？

你是唯一能回答这个问题的人。但我和无数人的经验是，你越了解自己，就越可以和自己、和这个世界建立更加广泛而深入的联系。我们曾经克服的困难会让我们现在经历的一切变得更加真实、更加可贵。当你第一次完全了解自己和家庭时，你很可能会对生活充满前所未有的感激之情。当你不再困惑，不再因情感不成熟的人的行为而沮丧时，你的生活会变得更加轻松、更加简单。我希望本书不仅可以让你对自己和爱的人有一个更加全面的了解，还可以让你摆脱过时的家庭模式，按照自己真正的想法和感受生活。

当我的客户第一次意识到自己的真实感受并且能够识别他人的不成熟时，我从他们的表情里看到了惊讶与平静。把这称为对他们的启迪也并不为过。他们中没有一个人愿意回到之前对什么都毫不知情的状态。他们每发现一个藏在内心中的真相，就会体验到一种重拾自我之感。尽管他们可能有一些遗憾，但他们的人生更加完整了，觉得这是生活的新起点。

这的确可以看作是新起点。那些致力于自我发现和情感发展的人也因此有了第二次生命，这第二次生命和他们深陷角色型自我和幻想的岁月一样绵长。当你真的意识到自己是谁，明白过去发生了什么，你的生活才真正重新启航了。正如一个人所说："现在，我对自己有了一个清晰的认识。其他人不改变，但我可以改变。"

从现在开始，你可以拥有幸福的生活了。其实，我觉得在你作为一个成年人，明白所有的真相后拥有幸福的生活，比你从一开始就拥有这种生活更有价值。要知道，作为一个成年人，见证新的自我的诞生是非常不可思议的。有多少人能够意识到这一点，并且最终变成了自己想成为的人呢？有多少人能够在一生中得到两次生命呢？

所以，请告诉我，你觉得为这次重生所经历的痛苦是否值得？你会为自己选择了觉醒之路而高兴吗？

你会？

我也一样。

参考
文献

Ainsworth, M. 1967. *Infancy in Uganda: Infant Care and the Growth of Love*. Baltimore, MD: Johns Hopkins Press.

Ainsworth, M., S. Bell, and D. Stayton. 1971. "Individual Differences in Strange-Situation Behaviour of One-Year-Olds." In *The Origins of Human Social Relations*, edited by H. R. Schaffer. New York: Academic Press.

Ainsworth, M., S. Bell, and D. Stayton. 1974. "Infant-Mother Attachment and Social Development: 'Socialization' as a Product of Reciprocal Responsiveness to Signals." In *The Integration of a Child into a Social World*, edited by M. Richards. New York: Cambridge University Press.

Bowen, M. 1978. *Family Therapy in Clinical Practice*. New York: Rowman and Littlefield.

Bowlby, J. 1979. *The Making and Breaking of Affectional Bonds*. New York: Routledge.

Cloud, H., and J. Townsend. 1995. *Safe People: How to Find Relationships That Are Good for You and Avoid Those That Aren't*. Grand Rapids, MI: Zondervan Publishing.

Conradt, E., J. Measelle, and J. Ablow. 2013. "Poverty, Problem Behavior, and Promise: Differential Susceptibility Among Infants Reared in Poverty." *Psychological Science* 24(3): 235–242.

Dabrowski, K. 1972. *Psychoneurosis Is Not an Illness*. London: Gryf.

Dalai Lama and P. Ekman. 2008. *Emotional Awareness: Overcoming the*

Obstacles to Psychological Balance and Compassion. New York: Henry Holt.

Erikson, E. 1963. *Childhood and Society.* New York: W. W. Norton.

Ezriel, H. 1952. "Notes on Psychoanalytic Group Therapy: II. Interpretation and Research." *Psychiatry* 15(2): 119–126.

Firestone, R., L. Firestone, and J. Catlett. 2002. *Conquer Your Critical Inner Voice.* Oakland, CA: New Harbinger.

Fonagy, P., and M. Target. 2008. "Attachment, Trauma, and Psychoanalysis: Where Psychoanalysis Meets Neuroscience." In *Mind to Mind: Infant Research, Neuroscience, and Psychoanalysis,* edited by E. Jurist, A. Slade, and S. Bergner. New York: Other Press.

Fosha, D. 2000. *The Transforming Power of Affect: A Model for Accelerated Change.* New York: Basic Books.

Fraad, H. 2008. "Toiling in the Field of Emotion." *Journal of Psychohistory,* 35(3): 270–286.

Gibson, L. 2000. *Who You Were Meant to Be: A Guide to Finding or Recovering Your Life's Purpose.* Far Hills, NJ: New Horizon Press.

Goleman, D. 1995. *Emotional Intelligence: Why It Can Matter More Than IQ.* New York: Bantam Books.

Gonzales, L. 2003. *Deep Survival: Who Lives, Who Dies, and Why.* New York: W. W. Norton.

Gottman, J. 1999. *The Seven Principles for Making Marriage Work.* New York: Three Rivers Press.

Grossmann, K. E., K. Grossmann, and A. Schwan. 1986. "Capturing the Wider View of Attachment: A Re-Analysis of Ainsworth's Strange Situation." In *Measuring Emotions in Infants and Children,* vol. 2, edited by C. Izard and P. Read. New York: Cambridge University Press.

Hatfield, E., R. L. Rapson, and Y. L. Le. 2009. "Emotional Contagion and Empathy." In *The Social Neuroscience of Empathy,* edited by J. Decety and W. Ickes. Boston: MIT Press.

Kohut, H. 1985. *Self-Psychology and the Humanities.* New York: W. W. Norton.

Libby, E. W. 2010. *The Favorite Child: How a Favorite Impacts Every Family Member for Life.* Amherst, NY: Prometheus Books.

Main, M., N. Kaplan, and J. Cassidy. 1985. "Security in Infancy, Childhood, and Adulthood: A Move to the Level of Representation." In *Growing Points of Attachment Theory and Research,* edited by I. Bretherton and

E. Waters. Monographs of the Society for Research in Child Development 50: 66–104.

McCullough, L., N. Kuhn, S. Andrews, A. Kaplan, J. Wolf, and C. Hurley. 2003. *Treating Affect Phobia: A Manual for Short-Term Dynamic Psychotherapy*. New York: Guilford.

McGilchrist, I. 2009. *The Master and His Emissary: The Divided Brain and the Making of the Western World*. New Haven, CT: Yale University Press.

Piaget, J. 1960. *The Psychology of Intelligence*. Totown, NJ: Littlefield, Adams.

Porges, S. 2011. *The Polyvagal Theory: Neurophysiological Foundations of Emotions, Attachment, Communication, and Self-Regulation*. New York: W. W. Norton.

Siebert, A. 1996. *The Survivor Personality*. New York: Penguin Putnam.

Siegel, D. 2009. "Emotion as Integration." In *The Healing Power of Emotion: Affective Neuroscience, Development, and Clinical Practice*, edited by D. Fosha, D. Siegel, and M. Solomon. New York: W. W. Norton.

Spock, B. 1978. *Baby and Child Care: Completely Updated and Revised for Today's Parents*. New York: Simon and Schuster. (Original work published 1946)

Tronick, E., L. B. Adamson, and T. B. Brazelton. 1975. "Infant Emotions in Normal and Perturbed Interactions." Paper presented at the biennial meeting of the Society for Research in Child Development, Denver, CO, April.

Vaillant, G. 2000. "Adaptive Mental Mechanisms: Their Role in a Positive Psychology." *American Psychologist* 55(1): 89–98.

White, M. 2007. *Maps of Narrative Practice*. New York: W. W. Norton.

Winnicott, D. 1971. *Playing and Reality*. London: Tavistock Publications.

Young, J., and J. Klosko. 1993. *Reinventing Your Life: How to Break Free from Negative Life Patterns*. New York: Dutton.

原生家庭

《母爱的羁绊》

作者：[美] 卡瑞尔·麦克布莱德 译者：于玲娜

爱来自父母，令人悲哀的是，伤害也往往来自父母，而这爱与伤害，总会被孩子继承下来。

作者找到一个独特的角度来考察母女关系中复杂的心理状态，读来平实、温暖却又发人深省，书中列举了大量女儿们的心声，令人心生同情。在帮助读者重塑健康人生的同时，还会起到激励作用。

《不被父母控制的人生：如何建立边界感，重获情感独立》

作者：[美] 琳赛·吉布森 译者：姜帆

已经成年的你，却有这样"情感不成熟的父母"吗？他们情绪极其不稳定，控制孩子的生活，逃避自己的责任，拒绝和疏远孩子……

本书帮助你突破父母的情感包围圈，建立边界感，重获情感独立。豆瓣8.8分高评经典作品《不成熟的父母》作者琳赛重磅新作。

《被忽视的孩子：如何克服童年的情感忽视》

作者：[美] 乔尼丝·韦布 克里斯蒂娜·穆塞洛 译者：王诗溢 李沁芸

"从小吃穿不愁、衣食无忧，我怎么就被父母给忽视了？"美国亚马逊畅销书，深度解读"童年情感忽视"的开创性作品，陪你走出情感真空，与世界重建联结。

本书运用大量案例、练习和技巧，帮助你在自己的生活中看到童年的缺失和伤痕，了解情绪的价值，陪伴你进行自我重建。

《超越原生家庭（原书第4版）》

作者：[美] 罗纳德·理查森 译者：牛振宇

所以，一切都是童年的错吗？全面深入解析原生家庭的心理学经典，全美热销几十万册，已更新至第4版！

本书的目的是揭示原生家庭内部运作机制，帮助你学会应对原生家庭影响的全新方法，摆脱过去原生家庭遗留的问题，从而让你在新家庭中过得更加幸福快乐，让你的下一代更加健康地生活和成长。

《不成熟的父母》

作者：[美] 琳赛·吉布森 译者：魏宁 况辉

有些父母是生理上的父母，心理上的孩子。不成熟父母问题专家琳赛·吉布森博士提供了丰富的真实案例和实用方法，帮助童年受伤的成年人认清自己生活痛苦的源头，发现自己真实的想法和感受，重建自己的性格、关系和生活；也帮助为人父母者审视自己的教养方法，学做更加成熟的家长，给孩子健康快乐的成长环境。

更多>>>　《拥抱你的内在小孩（珍藏版）》作者：[美] 罗西·马奇-史密斯
　　　　　《性格的陷阱：如何修补童年形成的性格缺陷》作者：[美] 杰弗里·E. 杨 珍妮特·S. 克罗斯科
　　　　　《为什么家庭会生病》作者：陈发展

抑郁 & 焦虑

《拥抱你的抑郁情绪：自我疗愈的九大正念技巧（原书第2版）》

作者：[美] 柯克·D. 斯特罗萨尔 帕特里夏·J. 罗宾逊 译者：徐守森 宗焱 祝卓宏 等

美国行为和认知疗法协会推荐图书
两位作者均为拥有近30年抑郁康复工作经验的国际知名专家

《走出抑郁症：一个抑郁症患者的成功自救》

作者：王宇

本书从曾经的患者及现在的心理咨询师两个身份与角度撰写，希望能够给绝望中的你一点希望，给无助的你一点力量，能做到这一点是我最大的欣慰。

《抑郁症（原书第2版）》

作者：[美] 阿伦·贝克 布拉德 A.奥尔福德 译者：杨芳 等

40多年前，阿伦·贝克这本开创性的《抑郁症》第一版问世，首次从临床、心理学、理论和实证研究、治疗等各个角度，全面而深刻地总结了抑郁症。时隔40多年后本书首度更新再版，除了保留第一版中仍然适用的各种理论，更增强了关于认知障碍和认知治疗的内容。

《重塑大脑回路：如何借助神经科学走出抑郁症》

作者：[美] 亚历克斯·科布 译者：周涛

神经科学家亚历克斯·科布在本书中通俗易懂地讲解了大脑如何导致抑郁症，并提供了大量简单有效的生活实用方法，帮助受到抑郁困扰的读者改善情绪，重新找回生活的美好和活力。本书基于新近的神经科学研究，提供了许多简单的技巧，你可以每天"重新连接"自己的大脑，创建一种更快乐、更健康的良性循环。

《重新认识焦虑：从新情绪科学到焦虑治疗新方法》

作者：[美] 约瑟夫·勒杜 译者：张晶 刘睿哲

焦虑到底从何而来？是否有更好的心理疗法来缓解焦虑？世界知名脑科学家约瑟夫·勒杜带我们重新认识焦虑情绪。诺贝尔奖得主坎德尔推荐，荣获美国心理学会威廉·詹姆斯图书奖。

更多>>>

《焦虑的智慧：担忧和侵入式思维如何帮助我们疗愈》 作者：[美] 谢丽尔·保罗
《丘吉尔的黑狗：抑郁症以及人类深层心理现象的分析》 作者：[英] 安东尼·斯托尔
《抑郁是因为我想太多吗：元认知疗法自助手册》 作者：[丹] 皮亚·卡列森